✠✠✠✠✠✠✠✠✠✠✠✠✠✠✠

매일 머고 싶은 '밥 같은'

쿠키와 크래커

✠✠✠✠✠✠✠✠✠✠✠✠✠✠✠

매일 먹고 싶은 '밥 같은'
쿠키와 크래커

초판 1쇄 인쇄 2013년 12월 5일
초판 1쇄 발행 2013년 12월 10일

지은이 나카시마 시호
옮긴이 송수영
펴낸이 명혜정
펴낸곳 도서출판 이아소

디자인 김은희

등록번호 제311-2004-00014호
등록일자 2004년 4월 22일
주소 121-841 서울시 마포구 서교동 487 대우미래사랑 1012호
전화 (02)337-0446 **팩스** (02)337-0402

책값은 뒤표지에 있습니다.
ISBN 978-89-92131-76-6 13590

도서출판 이아소는 독자 여러분의 의견을 소중하게 생각합니다.
E-mail: iasobook@gmail.com

매일 먹고 싶은 '밥 같은'

쿠키와 크래커

버터는 물론 생크림도 사용하지 않은
몸에 좋은 과자 레시피

나카시마 시호 지음
송수영 옮김

이아소

들어가며

첫 쿠키 레시피 책《매일 먹고 싶은 밥 같은 쿠키와 비스킷》을 세상에 내놓은 지
벌써 3년이 지났습니다. 영광스럽게도 많은 분들이 직접 쿠키를 만들어보고
"정말 맛있다!"는 반응을 보내주셨습니다.

저는 그사이 전국의 여러 곳에서 쿠키 교실을 열었습니다.

물론 대부분 실력이 훌륭했지만 간간이 "생지가 잘 뭉치지 않는다"거나
"너무 딱딱하게 됐다"며 고개를 갸우뚱하는 분도 있었습니다.

저는 내심 '이 레시피대로 만들면 오히려 수분이 너무 많을 정도인데…' 하고
의아했습니다. 그렇다면 조금 더 상세하게, 마치 쿠키 교실을
라이브로 보는 듯 꼼꼼하게 과정을 전달하자, 그래서 쿠키를 더 맛있게
만들 수 있도록 안내하는 책을 써보기로 결심하게 되었습니다.

이 책을 통해 처음 저를 만나는 분이라면 쿠키를 즐겁고 쉽게 만들도록,
그리고 전작을 통해 익숙한 분이라면 더욱 깊이 이해할 수 있도록….

또 하나, 이 책의 계기가 된 잊을 수 없는 사건이 있었습니다.

2011년 3월 일본 동북부 지방에서 일어난 대지진입니다.

지진 후 한동안 계획 정전 등으로 전기를 사용하지 못하거나,
슈퍼마켓에서 식자재가 동나는 것을 경험하면서
살아가는 데 필수품이 아닌 쿠키를 만드는 것이 옳은가, 하는
고민에 빠지기도 했습니다.

그러던 중 지진 피해를 입은 지역에 사는 분으로부터 메일을 받았습니다.

집에 남아 있던 밀가루와 오일로 저의 레시피대로 쿠키를 만들었더니

아이들이 너무나 좋아하여 집안이 한층 밝아졌다고 합니다.

그 외에도 쿠키를 많이 구워 대피소에 가져다주었다는 분도 있었습니다.

이 이야기를 들은 후 저는 빵 만드는 시간이

더없이 소중하고 고맙게 느껴졌습니다.

여러분에게 더욱 사랑받을 수 있는 레시피를

계속 개발해야겠다고 다짐하게 되었지요.

매일 아침, 자전거를 타고 오느라 꽁꽁 언 손을 비비면서

아틀리에 문을 열고, 물을 끓이고, 오븐을 켜면

서서히 방 안에 온기가 돌기 시작합니다.

어느새 맛있는 쿠키 냄새가 가득 배어 있는 이곳에서

오늘도 쿠키를 구울 수 있다는 사실이 정말 행복하고 감사합니다.

나카시마 시호

볼 하나와
손만 있으면 충분

주방 한쪽에 볼 하나 놓을 공간만 있으면 충분하다. 그리고 손으로 재료를 휘휘 젓기만 하면 어느새 생지가 완성된다. 직접 손으로 만드는 이유는 거품기나 실리콘주걱으로는 파악하기 힘든 소재의 상태를 느낄 수 있기 때문이다. 재료를 직접 만지면서 '지난번 만들었을 때보다 밀가루가 촉촉한데?', '설탕이 뭉쳐 있구나' 하고 변화를 감지할 수 있다. 이것이야말로 맛있는 쿠키를 만드는 비결이다.

생지를 재빨리 반죽하여
바로 굽는다

생지(반죽)는 가능하면 많이 만지지 않는 것이 중요하다. 그러나 익숙하지 않을 때는 '이 정도면 될까?' 하고 자꾸만 주무르게 된다. 한편 빵 만들기에 익숙한 사람은 손바닥으로 세게 눌러주는 경향이 있다. 이렇게 되면 생지가 점점 딱딱해져서 완성되었을 때 색이 곱지 않다. 우유나 물 등 수분을 넣고 생지가 모아지면 재빨리 모양을 낸 뒤 바로 굽는다. 이것이 바삭바삭한 쿠키의 비결이다. 또한 생지를 너무 많이 휴지시키면 기름이 들떠버려 색과 식감이 나빠지므로 주의한다.

3

4

꼼꼼하게
양을 잰다

"이렇게 간단하게 만드는데도 시중 베이커리에서 사는 것과 전혀 맛이 달라요. 레시피가 특별한 것인가요?" 하고 묻는 사람들이 있다. 다르지 않다. 다만 놀랄 정도로 과정이 간단한 만큼 재료의 계량을 확실하게 하고 레시피에 나온 두께를 정확하게 지키는 것이 중요하다. 계량스푼에 묻어 있는 기름까지 깔끔하게 다 넣는다. 생지를 밀대로 편 다음엔 자로 두께를 잰다. 이런 사소한 과정 하나하나까지 세심하게 지켜서 완성한 쿠키는 이전과 180도로 달라졌을 것이다.

낮은 온도에서 충분히
구워낸다

고온에서 열을 가하면 기름이 쉽게 산화되므로 낮은 온도에서 충분히 굽는다. 대개 쿠키는 빵보다 밀가루가 빡빡하게 뭉쳐 있으므로 속까지 충분히 열을 전달하여 수분을 날리고 바삭하게 구워내는 목적도 있다. 다만 이것이 지나치면 풍미가 사라지므로 레시피 시간을 잘 지키도록 하자.

> **설거지도 초간단!**

생지를 만들 때 볼에 묻은 밀가루와 수분기를 찰싹찰싹 마치 청소하듯 붙여가면서 생지를 하나로 뭉치면 볼이 깨끗하게 정리된다. 이후 가볍게 물로 닦아내기만 하면 되므로 뒷정리가 초간단. 덕분에 언제든 부담 없이 가볍게 도전할 수 있다.

차례

PART 1 ①기본 쿠키

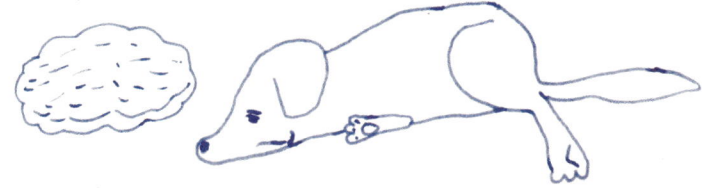

PART 2 ②여러 가지 쿠키

PART 3 ③크래커

✤이 책에서 약속할 것!
● 1큰술은 15㎖, 1작은술은 5㎖이다.
● 달걀은 중간 사이즈를 사용한다.
● 가스오븐을 사용하는 경우는 온도를 레시피보다 10℃ 낮게 한다.
● 오븐은 미리 설정 온도에 맞춰 따뜻하게 해둔다. 굽는 시간은 열원이나 기종 등에 따라 다소 차이가 있다. 레시피 시간을 기준으로 상태를 봐가면서 조절한다.

기본 쿠키

밀가루와 설탕을 섞어 폭신하게 만들고 여기에 오일을 첨가해 휘휘 저어준 뒤
마지막에 물을 살짝 떨어뜨려준다.
이 간단한 방법으로 다양한 쿠키를 만들 수 있다.
우선 기본이 되는 5종류의 쿠키 레시피를 소개한다.
바삭바삭, 사각사각, 와삭… 오늘의 간식은 어떤 것으로 할까?

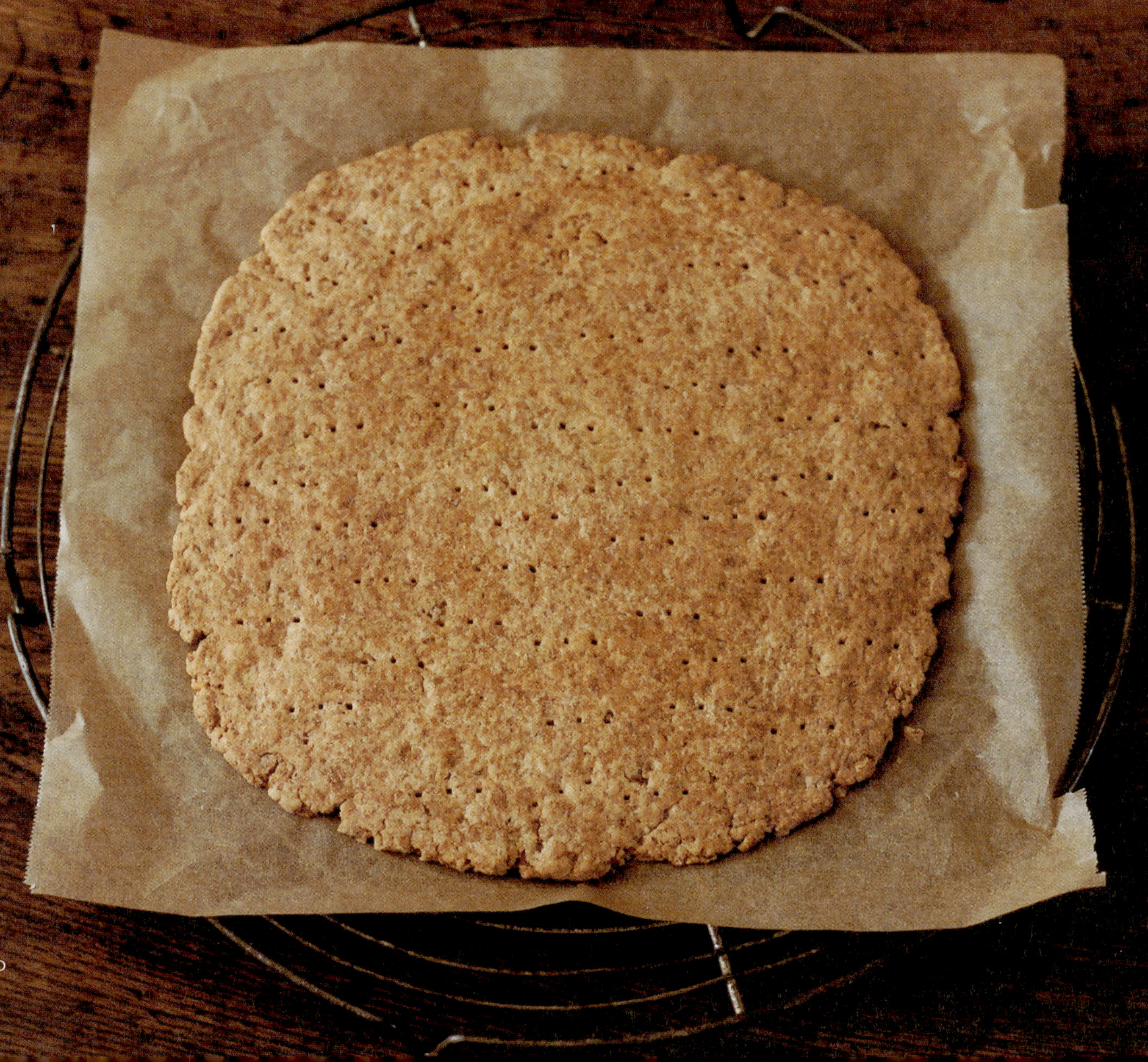

① 오븐 팬 쿠키 (전립분 비스킷)

타르트 생지나, 케이크를 받치는 플레이트 등에 활용되어 오래전부터 만들어온 레시피다.
꺼칠한 전립분과 고소한 호두 맛, 양을 최소화한 설탕의 은은한 달콤함이
하나로 어우러져 소박하면서도 오랫동안 기억에 남는 맛이다.
먼저 기본 생지 만드는 법을 자세히 배워보자.

◑ 밑준비

◎ 볼은
직경 20cm 정도로 양손이 완전히 들어가는 깊이의 제품이 편리하다. 사진은 직경 23cm짜리 제품.

◎ 계량스푼(큰 것)은
직경이 넓고 깊이가 얕으면 분량을 측정하기 어려우므로 두께와 깊이가 충분한 제품을 선택하는 것이 좋다.

◆호두는 프라이팬에서 약한 불에 살짝 볶거나 150℃ 오븐에 10분간 로스트하여 잘게 자른다.
◆오븐 팬에 맞춰 오븐 시트를 자른다.
◆오븐은 170℃로 예열한다.

재료(직경 20cm 1개분)

박력분 ... 80g
전립분 ... 20g
유기농설탕 ... 30g
호두 ... 20g
소금 ... 조금(엄지와 검지로 한 번 집는 정도)
카놀라유 ... 2큰술
두유(성분 무조정 제품) ... 2큰술

◎사용하는 도구

볼, 계량스푼 큰 것(15ml), 오븐 시트, 밀대, 자, 포크

❶밀가루를 섞는다

볼에 박력분, 전립분, 설탕, 호두, 소금을 넣고

쌀을 씻는 느낌으로 크게 휘휘 손으로 섞는다.
*체에 치지 않아도 OK

밀가루가 공기를 품고 폭신하고 가벼운 느낌이 되면 OK.

*이렇게 하면 오일과 수분이 잘 배게 된다.

❷ 오일을 넣는다

카놀라유를 큰술 가득 재서

밀가루 한가운데 넣는다.

스푼에 남아 있는 오일까지 손가락으로 싹싹 긁어 넣는다.

*오일도 맛을 내는 중요한 요소다. 양이 적으면 잘 뭉쳐지지 않으므로 스푼에 남아 있는 것까지 모두 싹싹 넣는다.

오일에 밀가루가 잘 스며들도록 쌀을 씻는 느낌으로 손으로 휘휘 섞는다.

밀가루와 오일이 작은 덩어리가 되면 손에 묻은 생지를 털어낸 뒤

양손으로 가볍게 비비면서 뭉친 것을 풀어주는 느낌으로 섞는다.

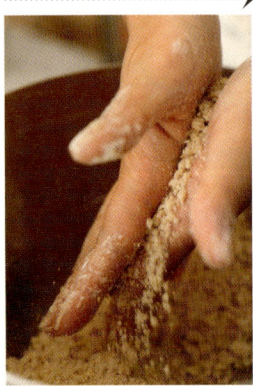

힘을 빼고 가볍게 재빨리 섞는 것이 바삭하게 만드는 비결.

*힘을 꽉 주거나 너무 시간을 오래 하면 오히려 덩어리가 만들어지므로 주의.

비벼주기 전	비벼준 후

희끄무레한 밀가루에 오일이 배어들어 전체적으로 색이 진해지고 촉촉해졌다. 이 상태가 될 때까지 재빨리 비벼서 섞는다. 알갱이 상태의 덩어리가 약간 남아 있어도 OK.

❸ 두유를 넣는다

두유를 큰술 가득 재서

전체적으로 골고루 넣고

쌀을 씻는 느낌으로 손으로 휘휘 저어 재빨리 전체적으로 수분이 섞이도록 한다.

자연적으로 생지가 뭉쳐지므로 이 상태가 되면 멈춘다. 너무 많이 만지지 않는 것이 성공 비결.

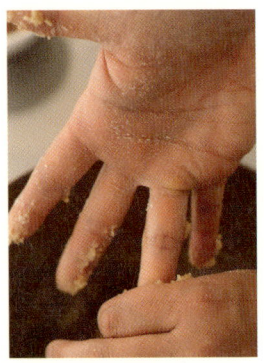

손에 묻은 생지를 깨끗이 긁어서 넣고

볼 안도 청소를 하듯 생지를 한데 모은다.

촉촉하고 부드럽게 정리가 되면 생지 완성.

* 매끈하면서도 손에 달라붙지 않아야 한다. 빡빡해서 금이 가거나 흰 밀가루가 보이면 NG. 뺨 정도로 말랑말랑한 상태가 기준.

④ 모양을 낸다

생지를 오븐 시트 위에 얹고 밀대를 정중앙에서 바깥쪽, 그리고 정중앙에서 안쪽으로 굴려가며 4mm 두께(직경 20cm)로 편다.

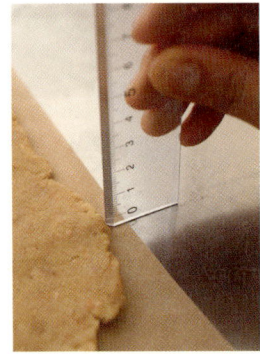

자로 두께를 재가며 정확히 체크한다. 이렇게 꼼꼼히 해야 제대로 바삭한 맛을 낼 수 있다.

* 깨끗하게 둥근 모양이 되지 않아도 OK. 모양보다 두께가 중요하다.

포크로 전체적으로 가늘게 공기 구멍을 뚫어준다.

⑤ 굽는다

시트째 오븐 팬에 올리고 170℃ 오븐에서 노릇노릇하게 색이 날 때까지 30분간 굽는다.

가운데를 눌렀을 때 아주 살짝 들어가는 정도가 완성.

* 잔열에도 구워지므로 너무 오래 두지 않도록 주의. 너무 움푹 패면 조금 더 굽는다.

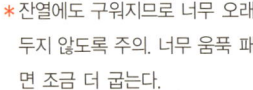

오븐에서 꺼내 오븐 팬째 철망에 얹어 식힌다.

* 잔열로 완전히 구워지고, 식으면서 바삭한 맛이 완성되므로 반드시 오븐팬 위에 그대로 둘 것.

◎ 다른 쿠키에서도 이 방법을 참고하여 촉촉한 생지로 만들어보자.

생지가 **퍼석**할 때는…

생지를 손으로 가볍게 풀어준다.

손바닥에 두유를 아주 약간만 덜어서

전체적으로 뿌려주고 가볍게 문질러 스며들게 한다(반죽해서는 안 된다. 힘이 들어가지 않도록 주의).

촉촉한 생지로 완성!

생지가 **질척**할 때는…

생지를 스크래퍼로 한데 모아 작업대 위에 올려 반으로 자른다.
＊밀가루를 덧뿌리거나 밑에 깔아두지 말 것.

위아래로 겹쳐서

손등으로 툭툭 가볍게 눌러가며 모아준다. 생지 방향을 90도씩 바꿔가면서 2~3회 정도 반복한다.

매끈한 생지로 완성!

＊캐러멜, 피넛버터, 코코아, 말차 등이 들어간 생지에서 색이 뭉친 경우에도 이 방법으로 균일하게 만들 수 있다.

② 스푼 쿠키 (레몬과 코코넛)

스푼으로 모양을 낸 쿠키라는 의미로 이런 이름을 붙여보았다.
스푼을 사용하면 크기가 모두 비슷하기 때문에 균일하게 구워지는 것이 장점이다.
쪽 짜낸 레몬의 신맛이 입안 가득 퍼져 처음에는 깜짝 놀라지만 바로 다음 순간
맛에 푹 빠져 팬이 되어버리는 인기 만점 쿠키다.

❶ 밑준비

◆ 레몬즙과 물을 잘 섞는다.

◆ 오븐 팬에 오븐 시트를 깐다.

◆ 오븐은 160℃로 예열한다.

❶ 생지를 만든다

볼에 밀가루, 코코넛가루, 설탕, 베이킹파우더, 소금, 레몬껍질을 넣고 쌀을 씻듯 크게 손으로 휘휘 섞는다.

카놀라유를 넣는다. 스푼에 남은 것까지 손가락으로 싹싹 긁어 넣고 손으로 역시 빙빙 돌려 섞는다.

재료(직경 4.5cm 10개분)

박력분 ... 50g

코코넛가루 ... 50g

유기농설탕 ... 20g

베이킹파우더 ... 1/3작은술

소금 ... 조금

레몬껍질(국산) 간 것 ... 1/2개분

카놀라유 ... 2큰술

레몬즙 ... 1큰술

물 ... 1/2큰술

밀가루와 오일이 섞인 덩어리가 보슬보슬한 상태가 되면 손가락 끝으로 덩어리를 풀어준다.

＊크기가 다소 들쑥날쑥해도 상관없다.

오일이 전체적으로 배어 축축해지면 레몬즙+물을 전체에 골고루 붓고

손으로 크게 휘휘 재빨리 섞는다.

전체적으로 수분이 골고루 배어들면 생지 완성.

＊보슬보슬한 생지이므로 하나로 깔끔하게 정리하지 않아도 상관없다.

❷ 모양을 낸다

생지를 큰 계량스푼으로 넉넉하게 떠서 엄지 손가락으로 덜어낸다.

엄지, 검지, 중지 세 손가락으로 빙그르 잡아 올려

한가운데까지 잘 구워지도록 검지와 중지로 가볍게 눌러주어 살짝 납작하게 만든다.

❸ 굽는다

오븐 팬에 간격을 두어 올리고 160℃의 오븐에서 노릇하게 색이 올라올 때까지 25분간 굽는다. 시간이 되면 꺼내 그대로 오븐 팬 위에서 식힌다.

17

③ 아이스박스 쿠키 (콩가루)

밀대 모양으로 모양을 낸 생지를 잘라 굽는 쿠키.
생지를 많이 주무르지 않으므로 바삭바삭한 맛을 즐길 수 있다.
30분 정도 냉동고에서 딱딱하게 얼린 뒤 자르면 깨끗하고 예쁘게 구워진다.
콩가루가 입안에서 사르르 녹으며 색다른 감동을 선사하고,
숨어 있는 된장은 맛을 한층 깊게 한다.

⓪ 밑준비

- 오븐 팬에 오븐 시트를 깐다.
- 오븐은 170℃로 예열 한다.

① 생지를 만든다

볼에 밀가루, 콩가루, 설탕을 넣어 쌀을 씻는 느낌으로 손끝으로 두루두루 섞어준다.

카놀라유(스푼에 남은 오일도 손가락으로 싹싹 긁어 넣는다), 된장을 넣고 손가락으로 된장

을 으깨가면서 휘휘 섞는다.

재료(직경 4cm 15개분)

박력분 ... 50g
콩가루 ... 50g
유기농설탕 ... 30g
카놀라유 ... 3큰술
된장 ... 1/2작은술
두유(성분 무조정 제품) ... 1큰술

밀가루와 오일이 보슬보슬한 상태가 되면 손가락 끝으로 풀어준다.

＊오일 양이 많아 꺼칠한 느낌은 들지 않는다. 전체적으로 촉촉한 느낌이 되면 OK.

두유를 전체적으로 넣고 휘휘 섞어 한 덩어리로 뭉친다.

＊처음에는 끈적거리지만 곧 익숙해지므로 당황하지 말 것.

② 모양을 낸다

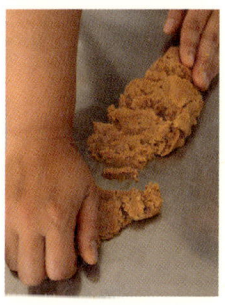 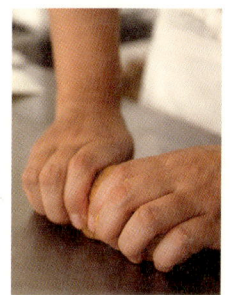

생지를 작업대 위에 올려 2~3회 문지르는 느낌으로 결을 정리하면서 속에 있는 공기를 빼준다.

하나로 뭉쳐 꾹 눌러주어 다시 한 번 속의 공기를 뺀다.

③ 굽는다

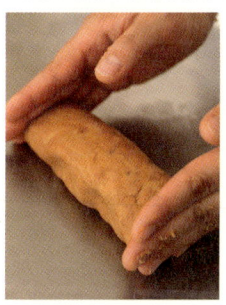 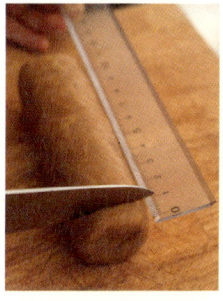 

양손으로 데굴데굴 굴려서 직경 4cm, 약 10cm 길이의 둥근 봉 모양으로 늘인다.

양 끝을 가볍게 눌러 모양을 정리한다.

＊너무 힘을 주면 금이 갈 수 있으므로 주의.

자로 재어 7mm 두께로 자른다. 처음 조각에 따라 나머지도 똑같은 두께로 자른다.

＊금이 가 있으면 손가락으로 정리해 없애준다.

오븐 팬에 간격을 두어 올려놓고 170℃ 오븐에 노릇하게 색이 날 때까지 25분가량 굽는다. 꺼내서 오븐 팬 위에서 그대로 식힌다.

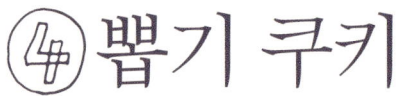 뽑기 쿠키 (캐러멜 & 시나몬 비스킷)

쿠키 틀로 모양을 찍어내 만드는 재미가 톡톡한 쿠키.
내 레시피의 쿠키는 ○△□와 같이 간단한 모양이 특히 잘 어울린다.
첫 생지에서 뽑아낸 쿠키가 가장 맛있게 구워지므로
이때 간격이 생기지 않도록 최대한 많이 뽑아내는 것이 포인트.
이 비스킷은 얇게 구워서 바삭한 식감을 즐긴다.

⓪ 밑준비

- 오븐 팬에 오븐 시트를 깐다.
- 오븐은 170℃로 예열한다.

① 캐러멜을 만든다

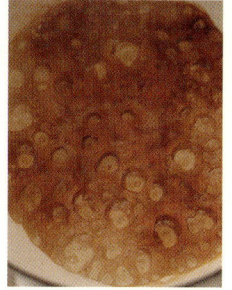

작은 냄비에 설탕과 물을 넣어 섞은 뒤 중불에 올린다. 김이 오르고 전체적으로 짙은 갈색이 될 때까지 냄비를 흔들어가면서 졸인다.

뜨거운 물을 냄비 옆쪽에서 가만히 부어 섞어준다. 여기에서 2큰술 정도 분량을 준비한다(부족하면 물을 더 붓는다).

＊덩어리가 생기면 다시 약한 불에 올려 섞는다.

재료

(6cm 길이 삼각형 14개분)

박력분 ... 80g

전립분 ... 20g

유기농설탕 ... 20g

계피가루 ... 1/3작은술

소금 ... 조금

카놀라유 ... 2큰술

【캐러멜】

유기농설탕 ... 2큰술

물 ... 1큰술

뜨거운 물 ... 2큰술

② 생지를 만든다

볼에 박력분, 전립분, 설탕, 계피가루, 소금을 넣고 쌀을 씻듯 전체적으로 크게 손으로 둘둘 저어 섞는다.

카놀라유를 넣어(스푼에 남은 기름까지 싹싹 긁어 넣는다), 손으로 휘휘 섞은 뒤 양손으로 비벼 덩어리를 풀어준다.

기름이 잘 배어들면 캐러멜을 전체적으로 뿌려 손으로 두루두루 섞는다.

생지가 거의 뭉쳐지면 스크래퍼로 작업대 위에 꺼내 반으로 잘라 위아래로 겹친 뒤

＊색을 전체적으로 균일하게 하기 위함.

③ 모양을 낸다

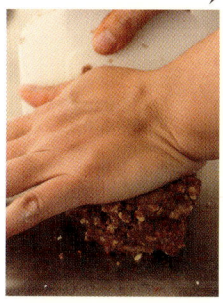

손바닥으로 가볍게 눌러 뭉쳐준다. 생지 방향을 90도씩 바꾸가면서 이것을 2~3회 반복한다.

밀대로 4mm 두께로 편다.

＊4mm 두께의 나무젓가락을 생지 양쪽에 놓고 두께를 똑같이 맞추면 편하다.

쿠키 틀로 끝에서부터 빈틈없이 찍어내고 남은 생지는 가볍게 반죽하여 역시 같은 방법으로 밀대로 밀어 찍어낸다.

＊맨 처음의 생지가 가장 바삭하고 맛이 좋으므로 한번에 최대한 많이 뽑아낼 것.

④ 굽는다

오븐 팬에 간격을 두어 올리고 170℃의 오븐에 노릇하게 색이 날 때까지 약 25분간 굽는다. 꺼내서 오븐 팬 위에서 그대로 식힌다.

⑤ 잘 섞기만 하면 되는 쿠키

(피넛버터)

이 책에서도 가장 간단한 레시피 중 하나.
밀가루와 수분을 섞기만 하면 되므로 실패할 일이 없다.
특히 손으로 반죽하는 것이
불안한 사람이라면 꼭 한번 도전해보자.
바삭한 생지와 피넛버터의 짙은 풍미가 잘 어울려
누구에게나 사랑받는 쿠키다.

⓪ 밑준비

◆ 오븐 팬에 오븐 시트를 깐다.

◆ 오븐은 170℃로 예열한다.

① 생지를 만든다

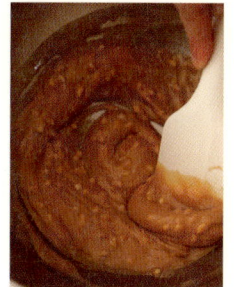

볼에 밀가루 이외의 재료를 모두 넣어 고무주걱으로 잘 섞는다(전체적으로 골고루 섞이면 OK).

밀가루를 체에 쳐서 넣고 고무주걱으로 자르는 느낌으로 섞는다.

재료(직경 5cm 국화 모양 쿠키 틀 15개분)

박력분 ... 100g

피넛버터
(무염 · 크런치 타입) ... 70g*

메이플시럽 ... 40㎖

카놀라유 ... 2큰술

소금 ... 조금

＊부드러운 크림 타입의 피넛버터를 사용하고 여기에 거칠게 부순 땅콩 10g을 넣어도 OK.

흰 밀가루가 보이지 않게 되면 스크래퍼로 생지를 모아 작업대 위에 올린다.

스크래퍼로 반을 자르고

＊생지 상태를 매끈하게 하기 위함.

위아래로 포갠 다음

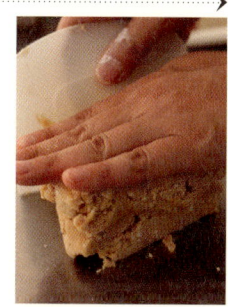

손바닥으로 가볍게 눌러 하나로 한다. 생지 방향을 90도씩 바꿔가면서 이것을 2~3회 반복하여 부드럽게 한다.

② 모양을 낸다

밀대로 가운데서 바깥쪽, 가운데서 안쪽으로 굴려가며 7mm 두께로 편다.

＊반드시 자로 두께를 체크할 것.

쿠키 틀로 끝에서부터 최대한 알뜰하게 찍어내고, 남은 생지는 가볍게 뭉쳐 다시 방망이로 밀어서 모양을 만들어 낸다.

＊맨 처음의 생지가 가장 바삭바삭하고 맛이 좋으므로 한 번에 최대한 많이 뽑을 것.

③ 굽는다

포크로 공기 구멍을 뚫는다.

오븐 팬에 간격을 두어 올리고 170℃ 오븐에 노릇하게 색이 올라올 때까지 약 25분간 굽는다. 꺼내서 오븐 팬 위에서 그대로 식힌다.

1 흑설탕 비스킷

흑설탕이 쿠키에 들어가면 사각사각한 식감이 좋아
일부러 이것이 도드라지도록 생지를 얇게 밀어서 구워준다.
싹싹 칼집을 넣기만 하면 완성! 모양 내기가 매우 간단하면서도
특별히 삼각형 모양은 귀여운 느낌을 준다.
소박한 분위기로도 인기가 좋다.

만드는 법 ┈┈▶p30

24

2 메이플&아몬드 쿠키

잘게 자른 아몬드가 입안에서 오도독 씹히는 느낌이 재미있는 쿠키.
스틱 모양으로 구워 바삭한 식감도 최고.
마지막에 퍼지는 메이플시럽의 풍미까지 놓치지 말자.
만드는 법 ···▶p31

3 초콜릿&코코넛 쿠키

코코넛과 초콜릿의 하모니는 남성들에게도 인기 만점.
위스키와 함께 조금씩 즐기기에도 좋다.
생지의 정중앙까지 열이 골고루 전해지지 않을 수 있으므로
손가락으로 꾹 눌러준 뒤 굽는다.
만드는 법 ···▸p32

4 오트밀 비스킷

갓 구워냈을 때 바삭한 식감이 정말 좋은 오트밀.
얇게 밀어 오도독한 느낌을 한층 더 살렸다.
컵 바닥으로 꾹 눌러주는 것도 재미있어 만드는 시간도 즐겁다.
생지가 다른 것보다 약간 더 촉촉하므로
얇은 조리용 비닐장갑을 끼면
손에 묻지 않고 간편하다.
만드는 법 ⋯→ p33

5 마카다미아 볼

너츠를 좋아하는 나에게 마카다미아는 최고의 견과류.
맛있는데 너무 많이 먹을 수는 없어서
기쁨과 슬픔을 동시에 안겨주는 식품이기도 하다.
그런데 쿠키로 만들면 그런 죄책감이 조금은 덜해지는 것 같아
동글동글한 모양으로 만들어보았다.
너츠의 씹히는 맛과 조화를 이루는
바삭한 생지가 포인트.
만드는 법 ···▶ p34

6 초코모카 쿠키

쌉싸래한 맛을 제대로 내고 싶을 때는 초콜릿보다 코코아가 제격.
여기에 커피를 살짝 첨가하면 맛이 한층 풍부하고 진해진다.
아몬드를 주변에 묻혀 화려하게 마무리!

만드는 법 ⸱⸱⸱⸱p35

1 흑설탕 비스킷 `오븐 팬`

* *

재료
(5cm 길이의 삼각형 32개분)

박력분 ... 80g
전립분 ... 20g
흑설탕(분말 제품) ... 30g
소금 ... 조금
카놀라유 ... 2큰술
두유(성분 무조정 제품) ... 2큰술

밑준비
*오븐 팬에 맞춰 오븐 시트를 자른다.
*오븐을 170℃로 예열한다.

만드는 법

❶ 볼에 박력분, 전립분, 설탕, 소금을 넣고 손으로 휘휘 섞는다. 카놀라유를 넣고 손으로 빙글빙글→양손으로 비벼서 덩어리를 풀면서 섞고→두유를 넣어 골고루 섞어준 뒤 하나로 모은다.

❷ 생지를 오븐 시트 위에 얹고 밀대로 4mm 두께(20cm 사각형 정도)로 편다. 스크래퍼로 가로 세로 각각 4등분하여 칼집을 넣고 다시 사선으로 반을 나눠 칼집을 넣어 삼각형 모양을 만든다.

❸ 시트째 오븐 팬에 얹어 170℃ 오븐에서 25분간 굽는다. 꺼내어 오븐 팬 위에서 식힌다. 열이 완전히 나가면 모양대로 자른다.

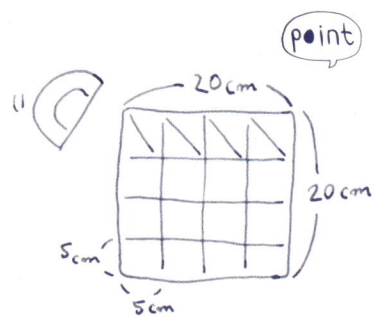

스크래퍼로 5×5cm로 칼집을 넣고, 여기에 다시 비스듬히 반으로 갈라 삼각형 모양을 만든다.

흑설탕은 분말 타입이 생지와 잘 어우러지므로 편리하다. 뭉쳐 있는 경우는 밀대 등으로 부숴 분말 상태로 만들어 사용한다.

2 메이플 & 아몬드 쿠키 오븐 팬

재료(1×15cm 25개분)

박력분 ... 100g

홀 아몬드 ... 40g

유기농설탕 ... 10g

소금 ... 조금

카놀라유 ... 2큰술

메이플시럽 ... 2큰술

밑준비

*아몬드는 프라이팬에 올려 약한 불에 볶고 식감
  을 즐길 수 있을 정도의 크기로 잘게 자른다.

*오븐 팬에 맞춰 오븐 시트를 자른다.

*오븐을 170℃로 예열한다.

만드는 법

❶ 볼에 밀가루, 아몬드, 설탕, 소금을 넣어 손으
로 휘휘 섞는다. 카놀라유를 넣어 다시 손으로 휘
휘 저어준다→양손으로 비벼 덩어리를 풀어주
는 느낌으로 섞고→분량의 메이플시럽을 부어
섞은 뒤 하나로 모은다.

❷ 생지를 오븐 시트에 얹고 밀대로 4mm 두께
(세로 15cm×가로 25cm 정도)로 편다. 스크래퍼
로 폭 1cm의 스틱 모양으로 칼집을 넣는다.

❸ 시트째 오븐 팬에 얹고 170℃ 오븐에 30분간
굽는다. 꺼내서 오븐 팬 위에서 그대로 식힌 뒤
열이 완전히 가시면 칼집대로 자른다.

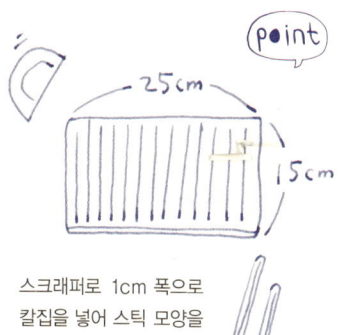

point

스크래퍼로 1cm 폭으로
칼집을 넣어 스틱 모양을
만든다.

아몬드는 소금이나 오일이
없는 내추럴 타입의 제품
을 고를 것. 필요한 양만
그때그때 로스트해서 사
용하는 것이 가장 맛있고
산화도 적다.

메이플시럽의 순수한 단
맛은 전립분이나 너츠를
이용한 쿠키와 찰떡궁합.
내가 특히 좋아해서 애용
하는 제품은 캐나다산 시
다델(CITADELLE).

3 초콜릿 & 코코넛 쿠키 `스푼`

재료 (직경 5cm 12개분)

박력분 ... 50g
코코넛가루 ... 50g
유기농설탕 ... 20g
베이킹파우더 ... 1/3작은술
소금 ... 조금
카놀라유 ... 2큰술
물 ... 1과 1/2
초콜릿 ... 20g*

＊초코칩도 OK.

밑준비

＊초콜릿을 큼직큼직하게 자른다.
＊오븐 팬에 오븐 시트를 깐다.
＊오븐을 160℃로 예열한다.

만드는 법

❶ 볼에 밀가루, 코코넛가루, 설탕, 베이킹파우더, 소금을 넣고 손으로 휘휘 저어가며 섞는다. 카놀라유를 넣어 역시 휘휘 섞어주고→손끝으로 덩어리를 풀어준 뒤→물을 넣어 둥글둥글 섞는다. 초콜릿도 넣어 살짝만 젓는다(한데 뭉치지 않아도 좋다).

❷ 생지를 큰 계량스푼에 넉넉하게 떠서 엄지손가락으로 평평하게 깎아낸 뒤 검지와 중지로 가볍게 눌러 살짝 두께를 납작하게 한 다음 오븐 팬에 간격을 두어 올린다.

❸ 160℃ 오븐에서 25분간 구운 뒤 꺼내 오븐 팬 위에서 식힌다.

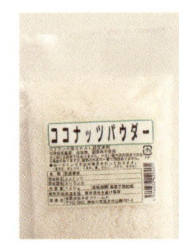

코코넛가루는 코코야자 열매를 잘라 건조시킨 것이다. 입자를 곱게 한 것이 가루이고, 가늘고 잘게 자른 것은 코코넛롱이라 한다.

4 오트밀 비스킷 스푼

재료(직경 7cm 10개분)

오트밀 ... 50g
코코넛가루 ... 20g
박력분 ... 20g
전립분 ... 10g
유기농설탕 ... 20g
소금 ... 조금
카놀라유 ... 2큰술
물 ... 2큰술

밑준비

*8cm 사각형으로 자른 오븐 시트를 한 장 준비
  한다.
*오븐 팬에 오븐 시트를 깐다.
*오븐을 170℃로 예열한다.

만드는 법

❶ 볼에 오트밀, 코코넛가루, 박력분, 전립분, 설
탕, 소금을 넣어 손으로 둘둘 섞는다. 카놀라유를
넣어 저어주고→손끝으로 덩어리를 풀어준 뒤
→물을 넣어 가볍게 섞는다(한데 뭉치지 않아도
좋다).

❷ 생지를 큰 계량스푼에 넉넉하게 떠서 엄지손
가락으로 평평하게 깎아낸 뒤 오븐 팬에 간격을
두어 놓는다. 잘라둔 오븐 시트를 위에 얹고 컵
바닥으로 꾹 눌러 두께 2mm(직경 7cm 정도)로
납작하게 편다.

❸ 170℃ 오븐에 20~22분간 구운 뒤 꺼내 오븐
팬 위에서 식힌다.

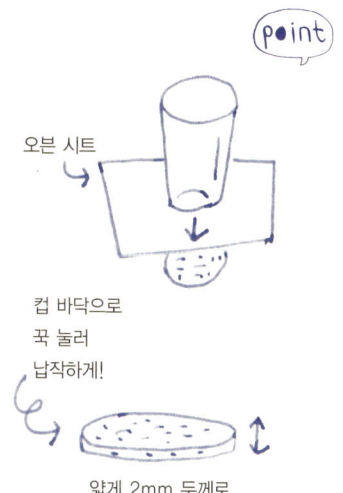

point

오븐 시트

컵 바닥으로
꾹 눌러
납작하게!

얇게 2mm 두께로

오트밀은 귀리를 쪄서 빻은 것이다. 영양이 풍
부하고 오도독한 식감이 특징이다. 시리얼에는
대부분 오트밀이 들어가 있다.

5 마카다미아 볼 `스푼`

❊ ❊

재료(직경 2.5cm 34개분)

박력분 ... 80g

전립분 ... 20g

유기농설탕 ... 30g

베이킹파우더 ... 1/3작은술

소금 ... 조금

카놀라유 ... 2큰술

두유(성분 무조정 제품) ... 2큰술

마카다미아 너츠 ... 50g

밑준비

*마카다미아 너츠를 프라이팬에 올려 약한 불에 볶고 큼직하게 자른다(1개를 4~6 등분한다).

*오븐 팬에 오븐 시트를 깐다.

*오븐을 170℃로 예열한다.

만드는 법

❶ 볼에 박력분과 전립분, 설탕, 베이킹파우더, 소금을 넣어 손으로 둘둘 섞는다. 카놀라유를 넣어 저어주고→손끝으로 덩어리를 풀어준 뒤→두유를 넣어 휘휘 섞는다. 마카다미아 너츠도 넣어 대강 섞어가며 하나로 모은다.

❷ 생지를 작은 계량스푼에 넉넉하게 떠서 엄지손가락으로 평평하게 깎아낸다. 직경 2.5cm로 둥글려 오븐 팬에 간격을 두어 올려놓는다.

❸ 170℃ 오븐에 30분간 구운 뒤 꺼내 오븐 팬 위에서 식힌다.

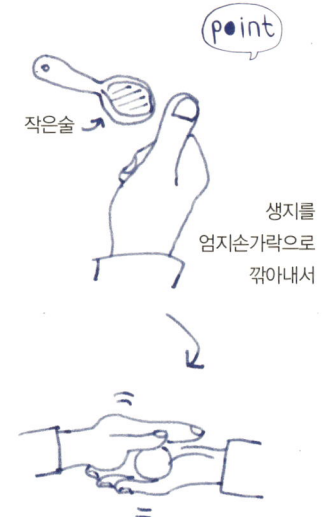

point

작은술

생지를 엄지손가락으로 깎아내서

이것을 공 모양으로 둥글린다.

마카다미아 너츠는 올레인산이 풍부하게 들어 있는 견과류로 동글한 모양이 특징이다. 씹는 맛이 좋으며 초콜릿이나 쿠키와 함께 많이 사용한다.

6 초코모카 쿠키  아이스박스

재료
(3.5cm 사각 모양 22개분)

박력분 ... 80g
코코아 ... 20g
유기농설탕 ... 40g
소금 ... 조금
카놀라유 ... 2큰술
인스턴트커피(과립형) ... 1작은술
뜨거운 물 ... 1과 1/2큰술
아몬드 분태 ... 20g*

✱ 홀 아몬드를 거칠게 잘라 써도 OK

밑준비

＊아몬드 분태는 프라이팬에 올려 약한 불에 볶
  는다.
＊커피는 뜨거운 물에 녹여 식혀둔다.
＊오븐 팬에 오븐 시드를 깐다.
＊오븐을 170℃로 예열한다.

만드는 법

❶ 볼에 박력분, 코코아, 설탕, 소금을 넣어 손으
로 둘둘 섞는다. 카놀라유를 넣어 저어주고→손
끝으로 덩어리를 풀어준 뒤→커피 물을 넣어 휘
휘 섞어가며 하나로 모은다.

❷ 생지를 작업대에서 2~3회 문지르는 느낌으로
결을 정리하고 꽉 눌러주어 안의 공기를 뺀다. 양
손으로 너비 3.5cm, 길이 9cm의 긴 사각 막대 모
양으로 만든다.

❸ 아몬드 분태를 전체적으로 생지에 묻히고 가
볍게 눌러준 뒤 칼로 4mm 두께로 자른다. 오븐
팬에 간격을 두고 올린 뒤 170℃ 오븐에서 25분
간 굽는다. 꺼내서 오븐 팬 위에서 식힌다.

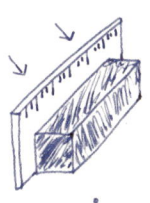

자를 대고 모양을 만들
면 깔끔하게 사각형이
나온다.

아몬드 분태를 전체적
으로 뿌려준 뒤

떨어지지 않도록 손으
로 가볍게 눌러준다.

인스턴트커피는 과립 제
품을 사용한다. 뜨거운
물에 녹여 사용하기도 하
고, 악센트로 그대로 생
지에 넣기도 한다. 중간
~다크 타입을 많이 사용
한다.

아몬드 분태는 아몬드를
잘게 자른 것이다. 슬라
이스 타입보다 한층 바삭
한 식감을 즐길 수 있다.

7 말차와 비지 쿠키

비지 파우더를 베이스로 하고 여기에 말차를 함께 넣은 오리엔탈 스타일의 쿠키.
말차는 제과용이 아니라 차로 마실 때 쓰는
맛있는 제품을 고집하는 것이 나의 작은 원칙이다.
비지 파우더는 입자가 고운 타입을 사용하면
한층 부드러운 식감을 즐길 수 있다.
만드는 법 ⋯▶p40

8 초콜릿 사블레

녹인 초콜릿을 듬뿍 넣어
진한 맛을 만끽하는 쿠키다.
적은 듯이 구워서 맛있게 먹는 것이 좋다.
장식으로 활용하는 경우는
굽는 동안 막힐 수 있으므로
대나무꼬챙이 등으로
구멍을 약간 크게 뚫는다.
만드는 법 ⋯p41

9 친스코

본래 돼지기름으로 만드는 오키나와 지방의 향토 과자지만
나는 카놀라유를 사용한다.
이 쿠키를 만들 때는 평소보다 오일을 약간 넉넉히 사용하여
특유의 파삭 녹아드는 맛을 낸다.
수분이 들어가지 않아 생지가 잘 뭉치지 않지만
재료를 섞는 동안 어느새 점점 촉촉하게 된다.

만드는 법 ···p42

10 메밀 볼로

어릴 적부터 많이 먹어온
정겨운 과자.
베이킹파우더를 약간 넣어
득유의 와삭한 식감을 살린다.
꽃 모양 쿠키 틀로 찍어내고, 한가운데
동그라미도 함께 구워낸다.
각기 다른 맛을 즐기는
재미가 있다.

만드는 법 ⋯ p43

7 말차와 비지 쿠키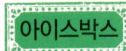

재료(4cm 사각 모양 18개분)

박력분 ... 70g

비지 파우더 ... 30g

와산본당* ... 40g

말차 ... 2작은술

카놀라유 ... 3큰술

두유(성분 무조정 제품)
... 2와 1/2큰술

* 와산본당(和三盆糖):입자가 매우 섬세한 일본 전통의 고급 설탕. 에도시대부터 애용해왔으며 고급 화과자에 사용된다.

밑준비

*오븐 팬에 오븐 시트를 깐다.

*오븐을 170℃로 예열한다.

만드는 법

❶ 볼에 밀가루, 비지 파우더, 말차, 와산본당(설탕)을 넣어 손으로 둘둘 섞는다. 카놀라유를 넣어 저어주고 → 손끝으로 덩어리를 풀어준 뒤 → 두유를 넣어 휘휘 섞어가며 하나로 모은다.

❷ 생지를 작업대에서 2~3회 문지르는 느낌으로 결을 정리하고 꽉 눌러 안의 공기를 빼준다. 양손으로 너비 4cm, 길이 7~8cm의 긴 사각 막대 모양으로 만든다.

* 모양을 만들 때 양쪽 끝에 자를 대고 하면 편리하다.

❸ 생지를 칼로 4mm 두께로 잘라 오븐 팬에 간격을 두고 올린 뒤 170℃ 오븐에서 25분간 굽는다. 꺼내서 오븐 팬 위에서 식힌다.

point

비지 파우더는 절구 등에 곱게 빻아 사용하는 것이 좋다.

생비지의 경우는 약한 불에 살짝 볶아 수분을 완전히 날려버린 뒤 절구에 빻는다.

입자가 고운 제과용 분말 타입의 비지 파우더. 섬세한 식감과 비지의 풍미를 제대로 느낄 수 있다. 밀가루 분량의 일부를 이것으로 대체하여 사용한다.

와산본당은 시코쿠 지방 등에서 전통적인 방식으로 만드는 고급 설탕을 말한다. 콩가루나 말차 등 전통의 재료와 함께 사용하거나 분당(粉糖) 대신 사용하기도 한다. 준비하기 힘든 경우는 유기농설탕으로 대신한다.

8 초콜릿 사블레 **뽑기**

*　*　*　*　*　*　*　*　*　*　*　*　*　*　*　*　*　*　*　*

재료

(3cm 길이의 별 모양 50개분)

| 박력분 ... 90g |
| 코코아 ... 10g |
| 유기농설탕 ... 10g |
| 소금 ... 조금 |
| 초콜릿 ... 40g |
| 카놀라유 ... 2큰술 |
| 물 ... 1큰술 |

밑준비

*초콜릿은 잘게 잘라 카놀라유와 함께 볼에 넣어 중탕(아래에 50~60℃의 뜨거운 물을 댄다)하여 녹인다.

*오븐 팬에 오븐 시트를 깐다.

*오븐을 170℃로 예열한다.

만드는 법

❶ 볼에 밀가루, 코코아, 설탕, 소금을 넣어 손으로 둘둘 섞는다. 녹인 초콜릿+오일을 넣어 고무주걱으로 툭툭 섞고→손으로 덩어리를 풀어주며 섞고→부드러워지면 물을 넣어 휘휘 섞어가며 하나로 모은다.

❷ 생지를 밀대로 4mm 두께로 펴서 쿠키 틀로 찍어낸다.

* 시간이 지나면 초콜릿이 굳어 생지가 딱딱해지므로 재빨리 할 것.

❸ 오븐 팬에 간격을 두고 올린 뒤 170℃ 오븐에서 20분간 굽는다. 꺼내서 오븐 팬 위에서 식힌다.

point

초콜릿은 잘게 자르고 오일과 함께 중탕해서 녹인다.

9 친스코 뽑기

❁ ❁

재료

(4×2.5cm 직사각형
물결무늬 모양 15개분)

박력분 ... 100g
유기농설탕 ... 30g
굵은 소금 ... 적당량(엄지와 검지로
두 번 집는 정도)
카놀라유 ... 2와1/2큰술

밑준비

*오븐 팬에 오븐 시트를 깐다.
*오븐을 170℃로 예열한다.

만드는 법

❶ 볼에 밀가루, 설탕, 소금을 넣어 손으로 둘둘
섞는다. 카놀라유를 넣어 가볍게 섞고→나긋해
지면 생지를 꽉 잡아 반으로 잘라 겹치고→손바
닥으로 가볍게 누른다. 생지 방향을 90도씩 바꿔
가면서 같은 동작을 2~3회 반복하여 매끈하게 하
나로 모은다.
* 잘 뭉쳐지지 않으면 물을 약간(분량 외) 넣는다.

❷ 생지를 밀대로 1cm 두께로 펴서 쿠키 틀로 찍
어낸다.

❸ 오븐 팬에 간격을 두고 올린 뒤 170℃ 오븐에
서 25분간 굽는다. 꺼내서 오븐 팬 위에서 식힌다
(부서지기 쉬우므로 완전히 식을 때까지 만지지 않
는다).

point

생지를 꽉 잡아

반으로 잘라 위아래로
겹쳐놓은 뒤 가볍게
누른다.

이를 반복하면서 하나
로 모은다.

입자가 굵고 정제되지 않은 굵은 소금을 사용한
다. 짠맛을 악센트로 하고 싶을 때 활용한다.

10 메밀 볼로 뽑기

※ ※

재료
(직경 4cm 꽃 모양+ 직경 2cm
원형 각 30개분)

메밀가루 ... 70g
박력분 ... 30g
유기농설탕 ... 30g
베이킹파우더 ... 1/4작은술
소금 ... 조금
카놀라유 ... 2큰술
물 ... 2큰술

밑준비
*오븐 팬에 오븐 시트를 깐다.
*오븐을 170℃로 예열한다.

만드는 법

❶ 볼에 밀가루, 메밀가루, 설탕, 베이킹파우더,
소금을 넣고 손으로 가볍게 섞는다. 카놀라유를
넣어 역시 툭툭 섞고→양 손바닥으로 비벼가면
서 덩어리를 풀어주고→물을 넣어 손으로 휘휘
저어가며 하나로 모은다.

❷ 생지를 밀대로 4mm 두께로 펴서 쿠키 틀로
찍어낸다.

❸ 오븐 팬에 간격을 두고 올린 뒤 170℃ 오븐에
서 30분, 원형 모양은 18분 굽는다. 꺼내서 오븐
팬 위에서 식힌다.

메밀을 가늘게 빻아 가루로 만든 것. 이번 레시
피에서는 비교적 고운 타입을 사용하였지만, 기
호에 따라 다른 것을 사용할 수 있다. 거칠게 빻
은 것은 물의 분량을 조금 줄인다.

11 참깨 큐브 쿠키

개인적으로 참깨를 정말 좋아해서 참깨가 듬뿍 들어간 쿠키 레시피를 만들어보았다.
깨 페이스트가 생지의 감칠맛을 돋우고 볶은 깨가 악센트로 송송 박혀 있어 재미있다.
흰깨로 만들면 깔끔한 느낌을 주고, 검은깨를 넣으면 마지막에 퍼지는 고소한 맛이 그만이다.

만드는 법 ⋯ p48

12 달걀 사블레

수분 대신 달걀노른자를 이용해 생지를 만든다.
파삭, 입안에서 부서지는 재미에 더해
진하게 입안에 퍼지는 달걀의 풍미가 매력.
달걀 볼로 같은,
살짝 복고적인 매력도 빼놓을 수 없다.
만드는 법 ⋯⋯p49

13 아몬드 갈레트

프랑스의 지방 명물인 갈레트 브레통같이
두툼하게 구운 쿠키가 먹고 싶어서 고안해낸 레시피다.
맛의 포인트는 뭐니 뭐니 해도 아몬드.
특히 아몬드 파우더를 듬뿍 사용하여 진한 맛이 그대로 입안 가득 전해진다.
악센트로 굵은소금을 살짝 뿌려주면
놀랍게도 그 맛이 한층 강조된다.

만드는 법 ···p50

46

14 단술 쿠키

단술을 좋아해서 겨울은 물론
여름에도 차갑게 해서 1년 내내 즐겨 마신다.
생강을 살짝 넣으면 맛이 한결 깔끔해지므로
쿠키에도 함께 넣어보았다.
단술에 있는 당분이 타기 쉬우므로
상태를 잘 봐가면서
굽도록 하자.
만드는 법 ⋯⋯p51

11 참깨 큐브 쿠키 섞기만 하면 OK

재료(흰깨 또는 검은깨,
3cm 사각형 42개분)

박력분 ... 120g

흰깨 페이스트
(또는 검은깨 페이스트) ... 60g

흰깨 볶은 것
(또는 검은깨 볶은 것) ... 10g

유기농설탕 ... 30g

카놀라유 ... 2큰술

두유(성분 무조정 제품) ... 2큰술

메이플시럽 ... 1큰술

소금 ... 조금

밑준비

*오븐 팬에 오븐 시트를 깐다.
*오븐을 170℃로 예열한다.

만드는 법

❶ 볼에 밀가루 이외의 재료를 모두 넣어 고무주
걱으로 잘 섞는다. 밀가루를 체에 쳐서 넣고 자르
는 느낌으로 툭툭 섞는다.

❷ 흰 밀가루가 보이지 않게 되면 작업대 위에 꺼
내 스크래퍼로 반을 잘라 2개를 위아래로 겹친
뒤 손바닥으로 가볍게 눌러준다. 생지의 방향을
90도씩 바꿔가면서 이를 2~3회 반복하여 부드럽
게 한데 정리한다.

❸ 생지를 밀대로 7mm 두께(세로 18×가로 21cm
정도)로 펴고, 칼로 3cm 크기로 자른다. 오븐 팬
에 간격을 두어 올린 뒤 170℃ 오븐에서 25분간
굽는다. 꺼내서 오븐 팬 위에서 식힌다.

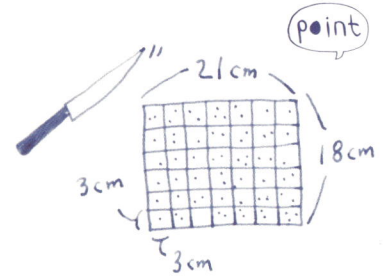

세로 7등분, 가로 6등분하여 칼로 자르고
간격을 벌려 오븐 팬에 가지런히 올린다.

깨를 갈아 걸쭉하게 풀 같은 상태로 만든 페이
스트. 맛이 농축되어 있어 요리는 물론 디저트
를 만드는 데도 흔히 사용된다. 재료들이 쉽게
분리되는 성질이 있으므로 바닥부터 잘 저어서
사용할 것.

12 달걀 사블레

섞기만 하면 OK

재료(직경 6cm 원형 10개분)

박력분 ... 100g
유기농설탕 ... 30g
달걀노른자 ... 1개분
카놀라유 ... 2큰술
두유(성분 무조정 제품) ... 1큰술
바닐라 빈 ... 1/4개

밑준비

*바닐라 빈은 세로로 반을 갈라, 칼로 안의 씨를 긁어낸다.
*오븐 팬에 오븐 시트를 깐다.
*오븐을 170℃로 예열한다.

만드는 법

❶ 볼에 밀가루 이외의 재료를 모두 넣어 거품기로 잘 섞는다. 밀가루를 체에 쳐서 넣고 고무주걱으로 자르는 느낌으로 싹싹 섞는다.

❷ 흰 밀가루가 보이지 않게 되면 작업대 위에 꺼내 스크래퍼로 반을 잘라 2개를 위아래로 겹친 뒤 손바닥으로 가볍게 눌러준다. 생지의 방향을 90도씩 바꿔가면서 이를 2~3회 반복하여 부드럽게 한데 정리한다.

❸ 생지를 밀대로 4mm 두께로 펴고 쿠키 틀로 모양을 찍어 오븐 팬에 간격을 두어 올린다. 170℃ 오븐에서 22분간 굽는다. 꺼내서 오븐 팬 위에서 식힌다.

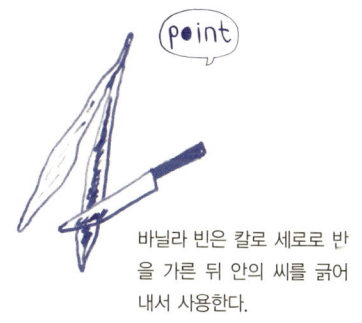

바닐라 빈은 칼로 세로로 반을 가른 뒤 안의 씨를 긁어내서 사용한다.

바닐라 빈은 바닐라 에센스로는 표현할 수 없는 풍부한 향과 풍미를 낸다. 다소 고가이긴 하지만 꼭 한번 체험해보길 바란다.

13 아몬드 갈레트 섞기만 하면 OK

재료
(직경 6cm 원형 10개분)

박력분 ... 100g

아몬드파우더 ... 80g

베이킹파우더 ... 1/3작은술

소금 ... 적당량

유기농설탕 ... 50g

달걀노른자 ... 1개분

카놀라유 ... 50㎖

두유(성분 무조정 제품) ... 1큰술

럼주 ... 1작은술

마무리용 두유, 굵은 소금,
슬라이스 아몬드 ... 각 적량

밑준비
*오븐 팬에 오븐 시트를 간다.
*오븐을 170℃로 예열한다.

만드는 법

❶ 볼에 두 번째 그룹의 재료를 모두 넣어 거품기로 잘 섞는다. 밀가루, 아몬드파우더, 베이킹파우더, 소금은 함께 체에 처서 넣고 고무주걱으로 자르는 느낌으로 툭툭 섞는다.

❷ 흰 밀가루가 보이지 않게 되면 작업대 위에 꺼내 스크래퍼로 반을 잘라 위아래로 2개를 겹친 뒤 손바닥으로 가볍게 눌러준다. 생지의 방향을 90도씩 바꿔가면서 이를 2~3회 반복하여 부드럽게 한데 정리한다.

❸ 생지를 밀대로 1cm 두께로 펴고 쿠키 틀로 모양을 찍어 오븐 팬에 간격을 두고 올린다. 표면에 두유를 바르고 굵은 소금을 약간 뿌린 뒤 슬라이스 아몬드를 적량 붙인다. 170℃ 오븐에서 25분간 구운 뒤 꺼내서 오븐 팬 위에서 식힌다.

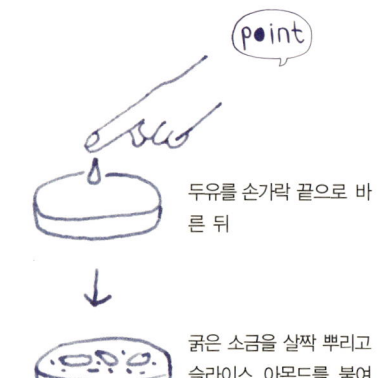

point

두유를 손가락 끝으로 바른 뒤

굵은 소금을 살짝 뿌리고 슬라이스 아몬드를 붙여준다.

밀가루 양의 일부를 아몬드파우더로 바꾸면 풍미가 한층 깊어진다. 여기서 살짝 나만의 비밀을 풀어놓자면 가격이 조금 비싼 제품을 사용한다. 역시 맛에 차이가 있다.

14 단술 쿠키 섞기만 하면 OK

✼✼✼✼✼✼✼✼✼✼✼✼✼✼✼✼✼✼✼✼✼✼✼✼

재료

(3cm 길이 새 모양 50개분)

박력분 ... 100g
단술* ... 40g
유기농설탕 ... 20g
카놀라유 ... 2큰술
생강 간 것 ... 1작은술
소금 ... 조금

✱ 일본의 단술은 우리의 것과 달리 약간 알코올 성분이 느껴진다

밑준비

＊오븐 팬에 오븐 시트를 깐다.
＊오븐을 160℃로 예열한다.

만드는 법

❶ 볼에 밀가루 이외의 재료를 모두 넣어 거품기로 잘 섞는다. 밀가루를 체에 쳐서 넣고 고무주걱으로 자르는 느낌으로 싹싹 섞는다.

❷ 흰 밀가루가 보이지 않게 되면 작업대 위에 꺼내 스크래퍼로 반을 잘라 위아래로 2개를 겹친 뒤 손바닥으로 가볍게 눌러준다. 생지의 방향을 90도씩 바뀌가면서 이를 2~3회 반복하여 부드럽게 한데 정리한다.

❸ 생지를 밀대로 4mm 두께로 펴고 쿠키 틀로 모양을 찍은 다음 오븐 팬에 간격을 두어 올린다. 160℃ 오븐에서 25분간 구운 뒤 꺼내서 오븐 팬 위에서 식힌다.

✱ 타기 쉬우므로 상태를 자주 보아가면서 구울 것.

단술에는 술시게미로 만든 것과 누룩으로 만든 것 2종류가 있다. 쿠키를 만들 때는 누룩으로 만든 것을 사용한다. 당도가 높아 타기 쉬우므로 자주 오븐을 들여다봐야 한다.

여러 가지 쿠키

파트2

어릴 적 해외여행 선물로 깡통에 들어 있는 버터 쿠키를 받고
그 맛에 반했던 기억이 아직까지 생생하다.
세계의 다양한 쿠키를 집에서 만들어보면 어떨까.
맛도 다르고 모양도 색다른 여러 나라의 쿠키를 직접 구워서 즐겨보자.

1 크로캉

프랑스의 한 지방에서 유래한 쿠키 크로캉.
크로캉(croquant)은 '바삭바삭한'이라는
뜻이다. 달걀흰자에
견과류를 넣어 구워내는데 말 그대로
'바삭바삭', '오도독'… 먹는 내내 소리까지 즐겁다.
재료를 한데 섞어 스푼으로 떠서
구워주기만 하면 되므로
누구나 손쉽게 만들 수 있다.
만드는 법 ···p60

2 바치 디 다마

'귀부인의 키스(Baci di dama)' 라는 의미로, 가운데 초콜릿을 바른 이탈리아 쿠키다.
아몬드 맛이 제대로 살아 있는 생지를 스푼으로 둥글게 모양을 내서 구워낸다.
하나만 먹어도 절로 미소를 짓게 되는 행복한 쿠키다.
만드는 법 ⋯⋯p61

3 애플 바

오븐으로 건조시킨 사과를 넣어 바 타입으로 구워낸 쿠키.
사과는 반 건조 상태로 만드는 것이 포인트로 새콤달콤한 맛이 인상적이다.
오트밀과 벌꿀 향이 가득, 여행 가방에 넣어가고 싶은 영양 듬뿍 건강식 쿠키.
만드는 법 ⋯→p62

4 파인애플 크럼블 바

파인애플과 흑설탕이 들어간 크럼블을
틀에 담아 구워낸다.
맛이 오래 유지되지 않으므로 케이크처럼 빨리 먹도록 한다.
만드는 법 ⋯→p63

54

5 무화과 롤 쿠키

영양분이 그대로 빼곡 들어 있는 느낌의 쿠키로 씹는 맛도 그만.
톡톡 터지는 무화과의 식감에 한 번,
계피 향과의 환상적인 조합에 두 번 놀란다.
과육이 부드러운 무화과를 사용하면 만들기가 한결 쉽다.
만드는 법 ┄→p64

6 플로랑탱

달콤하게 졸인 설탕에 너츠를 묻힌 누가(nougat)를
쿠키 생지 위에 올려 구워낸다.
피칸 너츠는 일부러 큼직큼직하게 얹어
바삭한 쿠키와 색다른 대비를 즐긴다.

만드는 법 ⋯→ p65

7 콘플레이크 쿠키

항상 끝까지 다 먹지 못하고 얼마쯤 남기게 되는 콘플레이크,
그러나 이렇게 쿠키에 넣어 색다른 맛으로 즐긴다면?
고소한 향과 사각사각한 식감이 재밌어서 자꾸만 손이 간다.
너츠나 감귤류 껍질 조림은 각자 기호에 따라 선택한다.
만드는 법 ⋯⋯p66

8 핑거 비스킷

달걀을 부드럽게 거품 내서 만들어
입안에서 스르륵 녹아내리는 것이 매력인 비스킷이다.
그대로 먹어도 좋지만 크림을 함께 곁들이거나
커피에 적셔 티라미스의 스펀지 느낌으로
음미하는 것도 좋다.
만드는 법 ⋯p67

9 코코넛 가린토

기름에 튀기지 않고 오븐으로 굽는 가린토.
우두둑한 식감 뒤에 은은하게 퍼지는 코코넛 향이 반전 매력이다.
커다란 깡통 캔에 넣어두고 언제나 함께하고 싶은 간식.
기호에 따라 깨나 너츠류를 섞은 꿀에 찍어 먹어도 맛있다.
모양 만드는 방법은 '검은깨 프레즐' (p82)을 참고할 것.
만드는 법 ⋯ p68

＊가린토(花林糖): 밀가루에
설탕을 섞어 되게 반죽해서 튀겨낸
일본 막과자의 일종
_옮긴이

1 크로캉

재료(직경 5cm 15개분)

달걀흰자 ... 1개분
유기농설탕 ... 70g
박력분 ... 30g
피칸 너츠 ... 70g

밑준비

*피칸 너츠는 프라이팬에 올려 약한 불에 볶아
 거칠게 잘라둔다.
*오븐 팬에 오븐 시트를 깐다.
*오븐을 160℃로 예열한다.

만드는 법

❶ 볼에 달걀흰자와 설탕을 넣어 거품기로 휘휘
젓는다(섞이면 OK). 밀가루를 체에 쳐서 넣고 거
품기로 역시 잘 섞는다.

❷ 흰 밀가루가 보이지 않게 되면 피칸 너츠를 넣
어 고무주걱으로 재빨리 섞는다.

❸ 생지를 작은 스푼의 2배 정도 분량으로 듬뿍
떠서 오븐 팬에 간격을 두고 올려놓아 160℃ 오
븐에서 40분간 굽는다. 꺼내서 오븐 팬 위에서 그
대로 식힌다.

Point

달걀흰자와 설탕을 휘휘 저어 서로 섞
이면 OK(거품을 내지 않는다).

피칸 너츠는 떫지 않은 호두 맛과 비슷하다. 개
인적으로 내가 가장 좋아하는 견과류 No 1. 이
것 역시 가볍게 볶으면 단맛이 나와 풍미가 한
결 좋아진다.

2 바치 디 다마

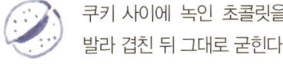

재료(직경 3cm 13쌍분)

박력분 ... 50g
아몬드파우더 ... 50g
유기농설탕 ... 20g
소금 ... 조금
카놀라유 ... 2큰술
물 ... 1/2큰술
초콜릿 ... 30g

밑준비

*오븐 팬에 오븐 시트를 깐다.
*오븐을 170℃로 예열한다.

만드는 법

❶ 볼에 밀가루, 아몬드파우더, 설탕, 소금을 한데 넣고 손으로 휘휘 젓는다. 카놀라유를 넣고 역시 손으로 돌려주고 →양 손바닥으로 비벼가면서 덩어리를 풀어준 뒤 →물을 넣어 휘휘 저어 하나로 모은다.

❷ 생지를 작은 스푼으로 큼직하게 떠서 엄지손가락으로 깔끔하게 스푼 높이에 맞춰 덜어내어 반구형 모양을 만든다. 오븐 팬에 간격을 두어 올린다. 170℃ 오븐에서 25분간 굽는다. 꺼내서 오븐 팬 위에서 그대로 식힌다.

❸ 초콜릿은 잘게 잘라 중탕(그릇 바닥에 50~60℃ 가량의 물을 댄다) 하여 부드럽게 녹인다. 쿠키 2 조각을 1쌍으로 하여 초콜릿을 발라 겹친다.

point

쿠키 사이에 녹인 초콜릿을 발라 겹친 뒤 그대로 굳힌다.

3 애플 바

재료
(15×15cm 사각틀 1개분)

오트밀 ... 80g

박력분 ... 10g

계피가루 ... 1/4작은술

베이킹파우더 ... 1/3작은술

유기농설탕 ... 1큰술

카놀라유 ... 3큰술

꿀 ... 2큰술

사과 ... 1/2개

밑준비
*오븐 팬에 오븐 시트를 깐다.
*오븐을 100℃로 예열한다.

만드는 법

❶ 말린 사과를 만든다. 사과는 껍질과 심을 떼어 5mm 두께의 은행잎 모양으로 자른 뒤 오븐 팬에 얹어 100℃ 오븐에서 60분간 굽는다. 식으면 큼직하게 자른다. 오븐을 160℃로 예열한다.

❷ 카놀라유와 꿀을 함께 중탕한다. 고무주걱으로 섞어가며 꿀을 녹인다.

❸ 볼에 오트밀, 밀가루, 계피가루, 베이킹파우더, 설탕을 넣어 손으로 휘휘 섞는다. ❷를 넣어 고무주걱으로 툭툭 섞은 뒤 흰 밀가루가 보이지 않게 되면 ❶을 넣어 가볍게 섞는다. 틀에 넣어 손끝으로 평평하게 정리하고 오븐 팬에 올려 160℃ 오븐에서 35분간 굽는다. 한 김 식으면 틀에서 꺼내 칼로 8~16등분해서 자른다.

틀에 생지를 넣어 손끝으로 눌러가며 평평하게 편다.

말린 사과는 원래 햇볕에 건조시켜 만들지만 오븐에서 저온으로 구워도 상관없다. 보관은 냉장실에서 할 것. 반건조 상태이므로 오래 둘 수는 없지만 요구르트 등에 넣어 먹어도 맛있고, 그 외에도 다양하게 즐길 수 있다.

4 파인애플 크럼블 바

재료

(15×15cm 사각틀 1개분)

박력분 ... 80g
호두 ... 20g
흑설탕(분말 제품) ... 20g
소금 ... 조금
카놀라유 ... 2큰술
파인애플(캔) ... 2~3조각(100g)

밑준비

*호두는 프라이팬에 올려 약한 불에 볶아 잘게 자른다.
*파인애플은 굵직하게 썰어 즙을 짜낸다.
*틀에 오븐 시트를 깐다.
*오븐을 170℃로 예열한다.

만드는 법

❶ 볼에 밀가루, 호두, 설탕, 소금을 넣어 손으로 휘휘 섞는다. 카놀라유를 넣어 역시 손으로 저어주고→양 손바닥으로 비벼가면서 덩어리를 풀어준 뒤→파인애플을 넣어 휘휘 저어 촉촉해질 때까지 섞는다(하나로 깔끔하게 모으지 않아도 된다).

❷ 생지를 부슬부슬 손으로 잘게 풀어주면서 틀에 넣은 뒤, 손가락 끝으로 가볍게 눌러 틀에 밀착시킨다.

❸ 오븐 팬에 올려 170℃ 오븐에서 35~40분간 굽는다. 한 김 식으면 틀에서 꺼내 칼로 8~16등분해서 자른다.

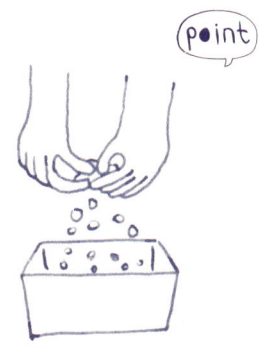

point

생지를 가볍게 풀어주는 느낌으로, 몽글몽글한 크럼블 상태로 만든다.

5 무화과 롤 쿠키

재료(2×6cm 8개분)

박력분 ... 40g
전립분 ... 10g
유기농설탕 ... 10g
계피가루, 소금 ... 약간
카놀라유 ... 1큰술
물 ... 1큰술
말린 무화과(부드러운 타입)
... 100g*

* 건포도나 말린 자두도 OK.

밑준비

*오븐 팬에 오븐 시트를 간다.

만드는 법

❶ 무화과 페이스트를 만든다. 작은 냄비에 말린 무화과, 물을 바특하게 넣고 불에 올린다. 수분이 날아가고 부드럽게 될 때까지 중불에 조린다. 열을 한 김 뺀 다음 푸드 프로세서에 돌리거나 칼로 두드려 페이스트 상태로 만든다. 오븐을 170℃로 예열한다.

❷ 볼에 박력분, 전립분, 설탕, 계피가루, 소금을 넣어 손으로 휘휘 젓는다. 카놀라유를 넣어 손으로 가볍게 섞어주고→양 손바닥으로 비벼가면서 덩어리를 풀어준 뒤→물을 넣어 두루두루 저어주며 하나로 모은다.

❸ 생지를 밀대로 4mm 두께(15cm 사각형 정도)로 펴고 무화과 페이스트를 가로 15cm 길이로 둥글게 생지 중앙에 올린 뒤 빙그르 돌린다. 생지 끝 이음새 부분은 특별히 잘 만져주어 꼼꼼히 붙이고 손으로 가볍게 눌러 세로 6×가로 15cm로 평평하게 정리한다(갑자기 너무 세게 누르면 생지가 찢어져 내용물이 나올 수 있으므로 주의).

❹ 이음새 부분을 아래로 해서 오븐 팬에 올린 뒤 170℃ 오븐에서 35분간 굽는다. 꺼내서 오븐 팬째 그대로 두고 한 김 식으면 칼로 원하는 크기(여기서는 8등분)로 자른다.

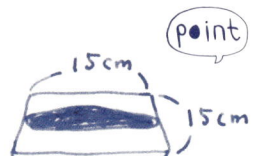

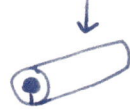
무화과 페이스트를 한 가운데 놓고 빙그르 한 바퀴 돌려

이음새 부분을 손가락으로 잡아주어 붙인다.

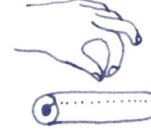
부드럽게 손으로 눌러 납작하게 편다.

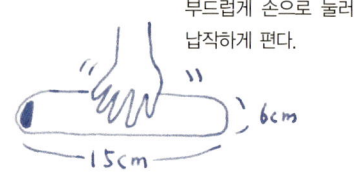

말린 무화과는 작고 딱딱한 것에서부터 부드러운 것까지 종류가 다양하다. 여기서는 페이스트로 만들기 쉬운 부드러운 타입을 골랐다.

6 플로랑탱

재료(4×10cm 10개분)

박력분 ... 100g
아몬드파우더 ... 20g
유기농설탕 ... 20g
베이킹파우더 ... 1/3작은술
소금 ... 조금
카놀라유 ... 2큰술
물 ... 2큰술

【누가】

피칸 너츠 ... 120g
유기농설탕 ... 40g
메이플시럽 ... 1큰술
카놀라유 ... 1큰술
물 ... 1큰술

밑준비

＊피칸 너츠는 프라이팬에 올려
  약한 불에 볶는다.
＊틀에 맞춰 오븐 시트를 자른다.
＊오븐을 170℃로 예열한다.

만드는 법

❶ 볼에 박력분, 아몬드파우더, 설탕, 베이킹파우더, 소금을 넣어 손으로 휘휘 젓는다. 카놀라유를 넣어 섞어주고→양 손바닥으로 비벼가면서 덩어리를 풀어준 뒤→물을 넣어 두루두루 저어가며 하나로 모은다.

❷ 생지를 오븐 시트 위에 얹어 밀대로 4mm 두께 (20cm 정도 사각형)로 펴고 포크로 전체적으로 공기 구멍을 낸다. 시트째 오븐 팬 위에 올려 170℃ 오븐에 20분간 구운 뒤 꺼내서 오븐 팬 위에서 식힌다. 오븐을 다시 170℃로 예열한다.

❸ 누가를 만든다. 작은 냄비에 피칸 너츠 이외의 재료를 모두 넣어 중불에 올리고 냄비를 흔들면서 설탕을 녹인다. 작은 거품이 큼직해지고 농도도 진득해지면 너츠를 넣어 나무주걱으로 섞은 뒤 아직 뜨거울 때 ❷의 쿠키 위에 평평하게 올린다(굽는 동안 가장자리 부분까지 자연스레 퍼진다).

❹ 170℃ 오븐에 15분간 구워 꺼내서 오븐 팬 위에서 식힌다. 한 김 식으면 원하는 크기로(여기서는 10등분) 자른다.

＊ 완전히 식으면 자르기 힘들므로 약간 부드러울 때 할 것.

point

누가의 거품이 커지고 진득한 느낌이 들기 시작하면 피칸 너츠를 넣는다.

열기가 남아 있을 때 생지 위에 올린다.
＊가장자리까지 꼼꼼하게 놓지 않아도 굽는 동안 평평하게 펴지므로 OK!

7 콘플레이크 쿠키

재료(직경 4.5cm 16개분)

박력분 ... 30g

베이킹파우더 ... 1/3작은술

카놀라유 ... 2큰술

메이플시럽 ... 2큰술

콘플레이크 ... 50g

호두 ... 20g

유자껍질 절임 ... 20g *

＊ 레몬이나 오렌지 등 감귤류라면
　무엇이든 OK.

밑준비

＊호두는 프라이팬에 올려 약한 불에 볶아 굵직하
　게 자른다.

＊콘플레이크는 손으로 가볍게 부순다.

＊유자껍질 절임은 굵직하게 썬다.

＊오븐 팬에 오븐 시트를 깐다.

＊오븐을 160℃로 예열한다.

만드는 법

❶ 볼에 카놀라유와 메이플시럽을 넣어 거품기
로 휘휘 섞는다. 밀가루와 베이킹파우더를 체에
쳐서 넣고 흰 가루가 보이지 않을 때까지 가볍게
섞는다. 여기에 콘플레이크, 호두, 유자껍질 절임
을 한 번에 모두 넣어준 뒤 고무주걱으로 툭툭 쳐
주며 전체적으로 골고루 섞는다.

❷ 생지를 큰 스푼 적량 분량으로 떠서 오븐 팬에
간격을 두어 올린다.

＊생지 상태에서는 잘 벌어지지만 굽는 동안 서로 뭉쳐지므
　로 문제없다.

❸ 160℃ 오븐에 30분간 구운 뒤 꺼내서 오븐 팬
위에서 식힌다.

어른이 된 뒤에는 왠지
좀처럼 먹을 기회가 없는
콘플레이크. 이런 식으로
쿠키에 사용하면 즐겁게
맛볼 수 있다. 단맛이 적
은 타입이 쿠키 만들기에
좋다.

유자껍질 절임은 유자껍
질을 설탕에 재워놓은 것
이다. 감귤의 산뜻한 풍
미와 껍질의 씁쓰레한 맛
이 묘하게 미각을 자극한
다. 오렌지나 레몬 등 취
향에 따라 골라 사용한다.

8 핑거 비스킷

재료

(재료 2×7cm 45개분)

달걀 ... 2개
유기농설탕 ... 50g
박력분 ... 60g

밑준비

*달걀은 노른자와 흰자로 나눈다.
*지퍼백의 모서리를 1.5cm 자른다.
*오븐 팬에 오븐 시트를 깐다.
*오븐을 180℃로 예열한다.

만드는 법

❶ 볼에 달걀흰자를 넣고 핸드믹서를 고속으로 하여 거품을 낸다. 폭신하게 부풀어오르면 설탕을 3회에 나누어 넣으며 탄력 있고 힘 있는 머랭을 만든다.

❷ 노른자를 넣어 거품기로 휘휘 섞고 밀가루를 체에 쳐서 넣은 뒤 거품기로 바닥에서 들어올리는 느낌으로 흰 가루가 보이지 않을 때까지 섞는다.

❸ 생지를 지퍼백에 넣어 오븐 팬에 간격을 두어 7cm 길이로 짜고 180℃ 오븐에 12분간 굽는다. 꺼내서 오븐 팬 위에서 식힌다.

point

생지를 짜내는 것은 지퍼백으로도 OK.

9 코코넛 가린토

재료(7cm 길이 40개분)

박력분 ... 100g
베이킹파우더 ... 1/3작은술
유기농설탕 ... 1큰술
소금 ... 조금
코코넛밀크 ... 60㎖
유기농설탕 ... 60g
물 ... 2큰술

밑준비

*오븐 팬에 오븐 시트를 깐다.

만드는 법

❶ 볼에 밀가루, 베이킹파우더, 설탕, 소금을 넣어 손으로 휘휘 섞는다. 코코넛밀크를 넣고 역시 손으로 둥글둥글 젓는다.→ 손으로 가볍게 반죽하여 한 덩이로 만들어 랩으로 감싼 뒤 실온에서 30분간 휴지시킨다. 오븐을 170℃로 예열한다.

❷ 생지를 밀대로 7mm 두께로 펴고 칼로 1cm 폭으로 잘라 양손으로 둥글린다. 둥근 봉 모양이 되면 7cm 길이로 자른다. 오븐 팬에 나란히 놓고 170℃ 오븐에 25분간 구운 뒤 식힌다.

❸ 프라이팬에 설탕, 물을 넣어 중불에 올려 걸쭉해지면 ❷를 묻힌다. 불을 끄고 골고루 섞어주다, 희끗희끗하게 되면 오븐 시트 위에 펼치고 긴 젓가락으로 하나씩 떼어서 식힌다.

코코넛 과육을 짜 넣은 코코넛밀크. 에스닉한 요리 외에 쿠키를 만들 때도 사용된다. 고형 부분이 쉽게 분리되므로 잘 섞어서 넣어줄 것.

쿠키 만들기 'SOS' 상담실

지금까지 아틀리에는 물론 전국 여러 곳에서
쿠키 교실을 열었습니다.
이곳에서 가장 많이 들었던 질문을 바탕으로,
여러분의 쿠키를 더욱 맛있게 업그레이드시키는
'쿠키 상담실'을 열어볼까 합니다.
오늘 여러분의 상담에 답하는 사람은
나카시마 해설사입니다.

 생지가 잘 뭉치지 않는다

A.

- 밀가루는 기후와 건조 방법에 따라 상태가 쉽게 변합니다. 혹시 건조한 상태라면 레시피의 수분만으로 잘 뭉쳐지지 않을 수 있답니다. 이때는 소량씩 수분을 보충해주세요(p15 참조).
- '체에 치지 않아도 되는 밀가루' 가공을 한 박력분인 경우 분량대로 하면 잘 뭉쳐지지 않을 수 있습니다. 일반 박력분을 사용하세요.
- 오일의 양을 정확히 재지 않았을 가능성이 있습니다. 깊이가 있는 스푼에 가득 덜어 손가락으로 닦아내듯 남김없이 넣어야 합니다.
- 기름을 섞는 횟수가 부족하면 흰 가루 부분이 남아 결국 레시피의 수분만으로는 잘 뭉쳐지지 않을 수 있습니다. 밀가루 전체가 촉촉해질 때까지 섞습니다.

 딱딱하게 구워지는 이유는?

A.

가장 큰 원인은 너무 많이 만지는 것입니다. 특히 쿠키 만들기가 익숙하지 않은 사람이라면 상태를 보면서 생지를 자꾸 만지다 결국 쿠키가 딱딱하게 구워지는 경우가 많습니다. 또한 빵을 자주 만드는 사람의 경우 자신도 모르게 손목으로 생지를 꾹 누르는 일도 있죠. 부드럽게, 그리고 반죽하는 느낌이 아니라 가볍게 생지를 모아주는 느낌으로 합니다. 한데 모아지면 다시 만지지 않도록 해야 합니다. 이외에도 분량 외로 밀가루를 덧뿌리거나 필요 이상으로 수분을 넣을 경우에도 딱딱해질 수 있습니다.

 ## 레시피의 배의 양으로 만드는 것도 가능할까?

A.

물론 문제없습니다. 이 경우는 모든 분량을 배로 하되 수분만큼은 상태를 봐가면서 넣어야 합니다. 굽는 시간과 온도는 달라지지 않습니다. 다만 갑자기 과도하게 양을 늘리면 오일과 섞거나 수분을 더하는 작업이 힘들어서 결과가 좋지 않을 수 있습니다. 2배의 양으로 시도해보고 충분히 익숙해지면 3배 양에 도전하는 등 서서히 늘려가는 것이 좋습니다. 또한 많이 만들어도 오븐이 작은 경우 바로 구워내지 못하고 생지를 오래 두어 색이나 식감이 떨어질 수 있습니다. 가능하면 레시피 분량을 반복해서 만드는 것이 가장 맛있게 만드는 방법입니다.

 ## 오일의 양을 늘리거나 줄여도 될까?

A.

레시피대로 만드는 것이 가장 만들기 쉽고 맛도 있습니다. 오일의 양을 늘리면 생지는 바삭바삭하게 구워지지만 자칫 지나쳐서 입안에서 겉돌거나 기름기가 느껴질 수도 있습니다. 반대로 오일의 양을 줄이면 결과적으로 수분이 더 많이 들어가게 되므로 딱딱하게 구워지거나 속이 설익을 수도 있습니다. 맛있는 쿠키를 만들기 위해서는 오일과 수분의 균형을 잘 잡는 것이 중요합니다. 가급적 레시피의 분량을 지켜주세요.

 ## 설탕을 줄여서 만들어도 될까?

A.

우선은 레시피대로 만들 것을 권합니다. 그러나 너무 달게 느껴지는 경우 단번에 1/2~1/3로 줄이기보다는 조금씩 조절하는 것이 좋습니다. 설탕은 생지를 부드럽게 하고, 구울 때 맛있게 보이도록 색을 내는 효과가 있으므로 양을 줄이면 평소대로 완성되지 않을 수 있습니다. 설탕의 종류에 관해서는 사탕수수 계열의 유기농 설탕을 사용하고 있습니다만, 사탕무 당이나 다른 설탕으로 바꿔도 무방합니다. 다만 사탕무 당은 단맛이 잘 느껴지지 않으므로 다소 분량을 늘리는 것이 좋습니다. 또한 과립이라 생지에 잘 어울리지 못하여 입자가 그대로 남아 꺼끌한 식감을 유발하기도 합니다. 다른 설탕의 경우도 수분이나 질감 등이 다르므로 완성도에 차이가 날 수 있음을 기억하세요.

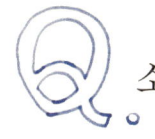 **Q.** 소금은 왜 넣지?

A.

소금은 소재가 가진 단맛을 끌어내고 전체 맛을 정돈해주는 역할을 합니다. 짠맛을 내기 위함이 아니므로 보통은 아주 조금, 엄지와 검지로 살짝 집는 정도만 넣습니다. 그 외 곡류나 견과류에 있는 유분의 소화흡수를 돕는 작용도 합니다. 가능하면 정제된 소금이 아니라 해수로 만들어진 제품을 고르세요.

 **Q.** 생지에 들어가는 두유와 물의 차이는?

A.

생지에 두유를 사용하면 쿠키가 한층 바삭하게 느껴지고 생지 전체에 단맛과 고소한 맛이 도드라집니다. 다른 소재와의 조합을 고려해서 두유가 어울린다고 판단되는 경우 사용하고 있지만 물론 좋아하지 않는 사람이라면 물로 대용해도 문제가 없습니다. 이와 반대로 물을 사용하는 레시피에 두유를 사용하는 것 역시 무방합니다. 다만 우선은 레시피대로 만들어본 뒤 시도해보세요. 두유는 반드시 성분 무조정 제품(단맛이나 추가 성분을 넣지 않은 것)을 선택하도록 합니다.

 **Q.** 베이킹파우더를 넣는 이유는?

A.

나의 경우 쿠키에 베이킹파우더를 넣는 이유는 머핀이나 스콘같이 부풀리기 위함이 아닙니다. 베이킹파우더는 속까지 열이 잘 전달되게 하고, 바삭한 식감을 내는 효과가 있어, 잘 익지 않는 소재를 사용하거나 소박한 맛을 내고 싶을 때 활용하고 있습니다. 그러나 베이킹파우더는 어디까지나 식품 첨가제이므로 일상적으로 사용하는 것은 피하고 양도 최소화합니다. 또한 알루미늄이 첨가되지 않은 제품을 고릅니다.

 **생지를 냉동해두어도 괜찮을까?**

A.

식물성 기름으로 만든 생지는 시간이 지나면 겉으로 기름이 흘러나와 구운 뒤 식감이나 색이 좋지 않을 수 있습니다. 이런 현상은 상온은 물론이고 냉장고나 냉동실 어디에 두어도 마찬가지입니다. 그러므로 냉장, 냉동 보존 모두 바람직하지 않습니다. 물론 아이스박스 쿠키를 자르기 쉽게 하기 위해 30분 정도 냉동하거나, 손이 바빠 30분~1시간 정도 놓아두는 것은 그리 문제 되지 않습니다. 하지만 기본은 언제나 만들어 바로 구워 먹는 것을 원칙으로 하는 것이 좋습니다.

 **푸드 프로세서를 이용해 생지를 만들어도 될까?**

A.

오일을 두르고 비벼서 섞는 생지라면 OK. 밀가루류를 넣어 가볍게 돌린 뒤 기름을 넣고 보슬보슬 전체적으로 기름이 돌 때까지 수차례 돌립니다. 다만 너무 오래 돌리면 밀가루에 열이 가해져 글루텐이 형성되기 때문에 가급적 횟수를 적게 합니다.

또 물을 넣는 경우 푸드 프로세서를 사용하면 순식간에 질척해질 수 있는데 이때 조절이 어려우므로 볼에 옮겨 진행하는 것이 좋습니다.

 **레시피대로 했더니 타버렸다. 노릇하게 색이 나지 않는 이유는?**

A.

먼저 사용하는 오븐의 특성을 아는 것이 중요합니다. 레시피대로 몇 번 만들어보았더니 우리 집 오븐에서는 겉만 탄 쿠키가 만들어졌다든지 속까지 골고루 구워지지 않는 등의 문제가 생길 수 있습니다. 겉만 타는 타입은 중간에 알루미늄 포일을 덮어주거나 도중에 온도를 낮춰줍니다. 속까지 익지 않는 타입은 약 10분 정도 더 구워보거나 혹은 10℃가량 온도를 높이는 등 대비책을 찾도록 합니다.

 쿠키를 먹을 수 있는
유효 기간은 어느 정도?
보존 방법은?

A.

충분히 구워 수분을 날려버린 쿠키에 건조제(실리카겔)를 넣어 봉투에
밀봉하면 곰팡이가 생기지 않으므로 한 달 이상 큰 문제가 없습니다.
다만 시간이 지나면 재료의 풍미나 부드러움 등이 조금씩 떨어집니다.
가장 맛있게 먹는 시점은 역시 갓 만들어낸 뒤이므로 가급적 빨리 먹
는 것이 좋습니다. 쿠키는 습기를 가장 싫어하므로 건조제를 넣어 봉
투나 캔 혹은 병 등에 넣어 밀봉하고 직사광선이 미치지 않는 실내 서
늘한 장소에 보관합니다.

 오븐은 어떤 타입이 좋은가?

A.

가게에서 사용하는 것은 린나이 컨벡션 타입의 가스오븐 'RCK -10M' (사진 위/
현재는 판매 중단됨)과 이것을 리뉴얼한 'RCK-10AS' 제품입니다. 컨벡션이란 열
풍이 도는 구조를 말하는데, 특히 수분을 날려 바삭한 쿠키를 구울 때 유용하지요.
또한 열풍이 돌기 때문에 한쪽만 편중되어 구워질 염려가 없습니다. 집에서 사용
하는 것은 드롱기의 전기 컨벡션오븐(12.5 ℓ 타입/사진 아래)입니다. 이것도 열풍
이 도는 타입으로 제가 아는 한 가정용 전기오븐 중에서는 쿠키를 가장 맛있게 구
울 수 있는 제품입니다. 내부가 작아 보이지만 직경 17cm의 시폰케이크나 롤케이
크도 충분히 가능합니다.

재료에 대하여

박력분

재료의 대부분을 차지하는 만큼 그 어떤 것보다 중요하다. 포스트 하비스트(운송 중 방부나 방충을 위해 수확 후에 살포하는 농약)의 우려가 없는 국산 제품을 이용한다. 외국산보다 단백질 함유량이 많아 잘 부풀지 않는다는 평도 있으나 시폰케이크 등은 촉촉하고, 쿠키를 만들면 밀가루 본연의 맛이 제대로 살아 있어서 마음에 든다.

설탕

몸에 천천히 흡수되는 정제도가 낮은 제품을 선택한다. 유기농설탕(사탕수수설탕)은 다양한 빵과 쿠키에 사용되는 만능 타입이다. 흑설탕은 특유의 감칠맛이 있고 개성이 강하다. 이를 살리기 위해 초콜릿이나 너츠류를 함께 사용하는 경우가 많다. 덩어리 타입이라면 절구 등으로 잘게 부수어 사용할 것. 어느 쪽이든 상관없다.

오일

쿠키 만들기의 포인트가 되는 오일로 카놀라유를 사용하고 있다. 선택의 기준은 내 입맛에 잘 맞는가 하는 점. 평소 사용하는 제품은 국산 유채를 수작업으로 꼼꼼하게 기름을 짜낸 것으로, 맛이 살아 있어 요리에도 애용한다. 기름은 산화하기 쉬우므로 가능하면 작은 용량의 제품을 사서 신선할 때 모두 사용하는 것이 좋다. 카놀라유는 어느 것이든 OK.

전립분

살짝 거칠게 간 타입으로 밀가루의 풍미를 즐길 수 있다. 박력분 타입인지 아닌지 구별하기 어려울 때는 봉지에 있는 용도(빵용이 아니라 쿠키용)를 참고할 것.

아몬드 파우더

아몬드를 갈아 분말 상태로 만든 것. 아몬드 풍미를 더 강조하고 싶을 때는 껍질을 함께 간 타입을 사용하고, 보통은 껍질 없는 타입(사진)을 이용한다. 밀가루 일부를 이것으로 바꾸는 것만으로도 촉촉한 식감과 깊은 맛을 내므로 특히 버터를 사용하지 않는 쿠키를 만들 때 요긴한 필수품이다. 선택의 포인트는 옥수수 전분 등 혼합물이 없는 타입을 고르는 것이다.

소금

해수로 만들어져 풍미가 느껴지는 제품을 선택한다. 수분을 함유하고 있는 촉촉한 타입이라면 프라이팬에서 약한 불에 볶아 보송보송하게 만들어 사용하는 것이 좋다. 정제염인 경우는 레시피의 분량대로 하면 짠맛이 강하게 느껴질 수 있으므로 적당하게 조절할 것.

쿠키의 기본이 되는 재료는 밀가루, 오일, 단맛이다.
여기에 특징을 부여하는 재료를 섞는다.
재료 선택 시의 포인트는 무엇보다 양질의 제품일 것,
여기에 맛도 물론이지만 가격이 합리적인지도
중요하다고 생각한다.
내가 사용하는 제품들을 참고하여
여러분도 각자 맛있는 재료를 발견하길 바란다.

코코아

혼합 성분이 없는 '순(퓨어) 코코아'를 고를 것. 입자가 고와 잘 뭉쳐지므로 이것이 신경 쓰일 때는 한 번 체에 쳐서 넣어준다. 습기에 약하므로 개봉 후에는 밀봉하고 가급적 빨리 사용할 것.

두유

유전자 변형이 안 된 대두로 만든, 성분 무조정 제품인지 확인하자. 가능하면 유기농 제품을 골라서 사용한다. 이 책에서는 물을 사용하는 쿠키와 두유를 사용하는 쿠키, 두 가지 타입이 있는데 두유를 사용하면 감칠맛이 생기고 한층 바삭하게 완성된다. 다만 집에 사놓은 두유가 없는 경우는 물로 대체해도 된다.

초콜릿

유제품이 첨가되지 않은 퍼스트 그레이드 초콜릿 '오가닉 비터'를 사용한다. 꼭 제과용 제품을 고집할 필요는 없다. 보통 간식으로 맛있다고 생각되는 초콜릿 바가 있다면 그것을 이용하면 된다. 듬성듬성 잘라 초코칩 타입으로 넣거나 길게 부숴 녹여 사용하기도 한다.

드라이 프루츠와 너츠

햇빛을 충분히 쬐인 드라이 프루츠와 너츠는 내추럴 계열의 쿠키에 맛있는 악센트를 준다. 오일, 설탕, 소금 등이 첨가되지 않은 것을 선택할 것. 너츠는 프라이팬에 올려 약한 불에서 볶아주거나 150℃ 오븐에서 10분 정도 로스트해서 사용하면 풍미와 식감이 한층 좋아진다.

베이킹파우더

알루미늄이 첨가되지 않은 제품을 선택할 것. 그리고 첨가물이므로 가능하면 소량만을 사용할 것! 베이킹파우더는 선도가 매우 중요하므로 개봉 후 시간이 지난 것을 사용하면 잘 부풀어오르지 않는다. 참고로 내가 베이킹파우더를 사용하는 경우는 열을 잘 전달하게 만들고 싶다거나 와삭한 식감을 내고 싶을 때다. 사용량은 최소한으로 하고 있다.

메이플시럽

자칫 밋밋할 수 있는 내추럴 계열의 쿠키에 메이플시럽을 약간만 넣어도 몰라보게 촉촉해지고 맛도 한층 깊어진다. 최고 등급의 '라이트' 타입은 색과 맛 모두 고급이고 가격도 비싸므로 가열하지 않고 그대로 먹는 것이 좋다. 그다음이 '미디엄', '엄버(umber)'로 이어지며 색과 맛도 짙어진다. 쿠키를 만들 때는 다른 재료와 조화를 잘 이루는 미디엄 타입을 사용한다. 나는 캐나다의 시타델 제품을 애용하고 있다.

피넛버터

단맛이 들어 있지 않은 타입이 쿠키나 요리에 사용하기 좋다. 이 책의 레시피에서는 알갱이가 있는 크런치 타입을 사용하고 있지만 준비가 안 되어 있다면 부드러운 크림 타입에 거칠게 부순 땅콩을 넣어 사용해도 무방하다.

도구에 대하여

극단적으로 말하자면 도구가 제대로 갖춰 있지 않아도 얼마든지 쿠키를 만들 수 있다.
그러나 장만해두면 한결 작업을 편리하게, 그리고 모양도 좋게 만들어주는 도구가 있다.
나는 가능하면 도구의 수를 많이 늘리기보다 제대로 된 제품을 구입해서 오래 사용하자는 주의다.
내가 오래 써보고 특별히 좋다고 생각했던 도구 몇 가지를 선별하여 소개한다.
가능하면 베이커리만이 아니라 요리를 할 때도 함께 사용할 수 있는 것들이다.

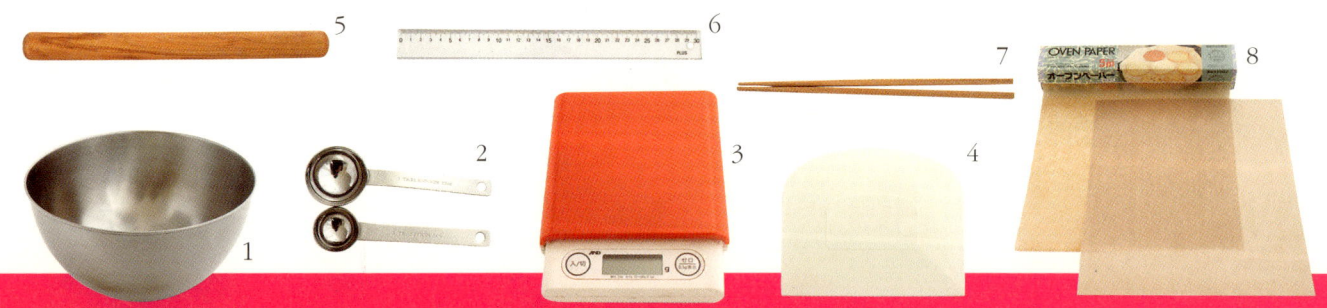

1. 볼

직경 20cm 정도에, 어느 정도 깊이가 있어서 양손이 완전히 들어갈 수 있는 것이 손을 움직이기 편하고 좋다. 평소 사용하는 것은 직경 23cm의 스테인리스 제품이다.

2. 계량스푼

큰술, 작은술이 있는 것은 물론이고 어느 정도 두툼하고 깊이도 있는 제품을 고른다. 얇고 지름이 넓은 타입은 분량을 측정하기가 매우 힘들다. 내가 보통 사용하는 것은 무인양품(無印良品) 제품. 현재 같은 제품을 판매하고 있지는 않지만 스푼 부분이 같은 타입은 구입할 수 있다.

3. 디지털 저울

최근에는 매우 손쉽게 구입할 수 있으므로, 꼭 하나쯤 준비해두도록 권한다. 이것만 있으면 계량도 어렵지 않고 쿠키 만들기의 어려운 관문도 한층 쉽게 넘을 수 있다. 1g 단위로 1kg까지 잴 수 있으면 충분하다.

4. 스크래퍼

플라스틱이나 실리콘 소재에 주걱 비슷하게 생긴 모양이다. 볼 안의 생지를 긁어모으거나 생지에 상처를 내지 않고 깨끗하게 커트할 수 있다. 살짝 휘어지는 정도의 제품이 사용하기에 편리하다.

5. 밀대

생지를 납작하게 펼 때 사용하는 봉으로, 나는 나무로 만든 제품을 사용하고 있다. 길이는 자신의 어깨 너비보다 약간 짧은 정도. 두께는 손으로 꽉 잡았을 때 편안하게 쥐어지는 정도가 힘도 덜 들어가고 사용하기 편하다.

6. 자

쿠키 전용으로 하나 준비해두면 매우 편리하다. 레시피에 '〇mm 두께'라고 적힌 내용은 매우 의미 있는 것으로, 이 두께가 가장 만들기 쉽고 맛있다는 뜻이다. 자로 재서 레시피에 나온 두께나 길이로 만들면 설익거나 타버리는 등의 실패를 줄일 수 있다.

7. 젓가락

생지를 균일한 두께로 펴기 위해 스테인리스나 나무 판을 사용하기도 하지만 좀 더 간편했으면 좋겠다고 생각하다 찾아낸 것이 바로 젓가락. 생지 양쪽에 놓고 밀대를 위에서 빙그르 돌리기만 하면 원하는 두께가 된다. 사진은 무인양품에서 판매하는 일반적인 제품이다. 내 쿠키에서 가장 많이 나오는 4mm 두께로 펼 때 요긴하다.

8. 오븐 시트

종이로 만든 타입과, 유리섬유에 불소수지 가공을 하여 계속해서 닦아 사용할 수 있는 타입이 있다. 가게에서는 쿠키 등의 틀 받침으로도 활용하기 때문에 종이 타입을 사용하고 있지만 한 번 쓰고 버리는 것이 아니라 스크래퍼로 깨끗이 닦아낸 뒤 해질 때까지 여러 번 재활용하고 있다.

쿠키 박스가 만들어지기까지

나의 아틀리에 겸 가게인 'foodmood'에서는
매일 아침마다 다양한 쿠키가 빼곡히 들어 있는 쿠키 박스가 만들어집니다.
이번에는 그 제작 과정을 생생하게 소개해보겠습니다.

스타트

8:45
자전거로 아틀리에 도착

아틀리에에서 자전거로 5분 거리에
살고 있어서 화창한 날이면 언제
나 자전거로 출근. 오늘 하루 제작
의 흐름 등을 머릿속으로 그리면
서 페달을 밟노라면 어느덧 아틀
리에에 도착해 있답니다.

9:00
**좋아하는 음악 CD를 올리고
쿠키 만들기 시작**

혼자 작업하는 날에는 음악을 틀지
않지만 스태프와 함께하는 날엔
CD로 음악을 듣거나 라디오를 켜
기두 하지요, 모두의 기운을 북돋
아주는(단 너무 과하지 않은) 음악
을 고릅니다.

차 만들기   **식물에 물 주기**

8:50

아틀리에에 도착하면 가장 먼저 하는 일이 주전자
에 물을 올려 차를 끓이는 것입니다. 그리고 보온이
되는 포트에도 가득 물을 올립니다. 루이보스나 녹
차 등 다양한 차를 준비해두고 그날의 기분에 따라
마십니다.

쿠키 제작 중

11:00

아틀리에 오픈

오픈 직후는 손님이 많아 가장 바쁜 시간대죠. 갓 구운 스콘이나 머핀을 진열하기도 합니다. 스태프 전원이 분주하게 움직입니다.

지금은 손님맞이 중

10:00

쿠키가
서서히 완성된다

맛보기는 빠짐없이

10:50

아틀리에 개점 준비

셔터를 열고 가게 주변을 말끔히 청소하면 개점 준비 완료. 창문을 통해 상품을 건네는 두부가게 같은 구조라 특별 제작한 초인종이 달려 있습니다.

그리고 차를 홀짝홀짝

쿠키는 완전히 식힌 뒤 반드시 맛을 봅니다. 그날의 날씨나 습도에 따라 맛이 미묘하게 달라지기 때문이고, 재료 중 빠진 것이 없는지도 체크합니다. 한 가지 맛을 본 다음에는 반드시 차로 입안을 말끔히 하고 다음 쿠키 맛을 봅니다.

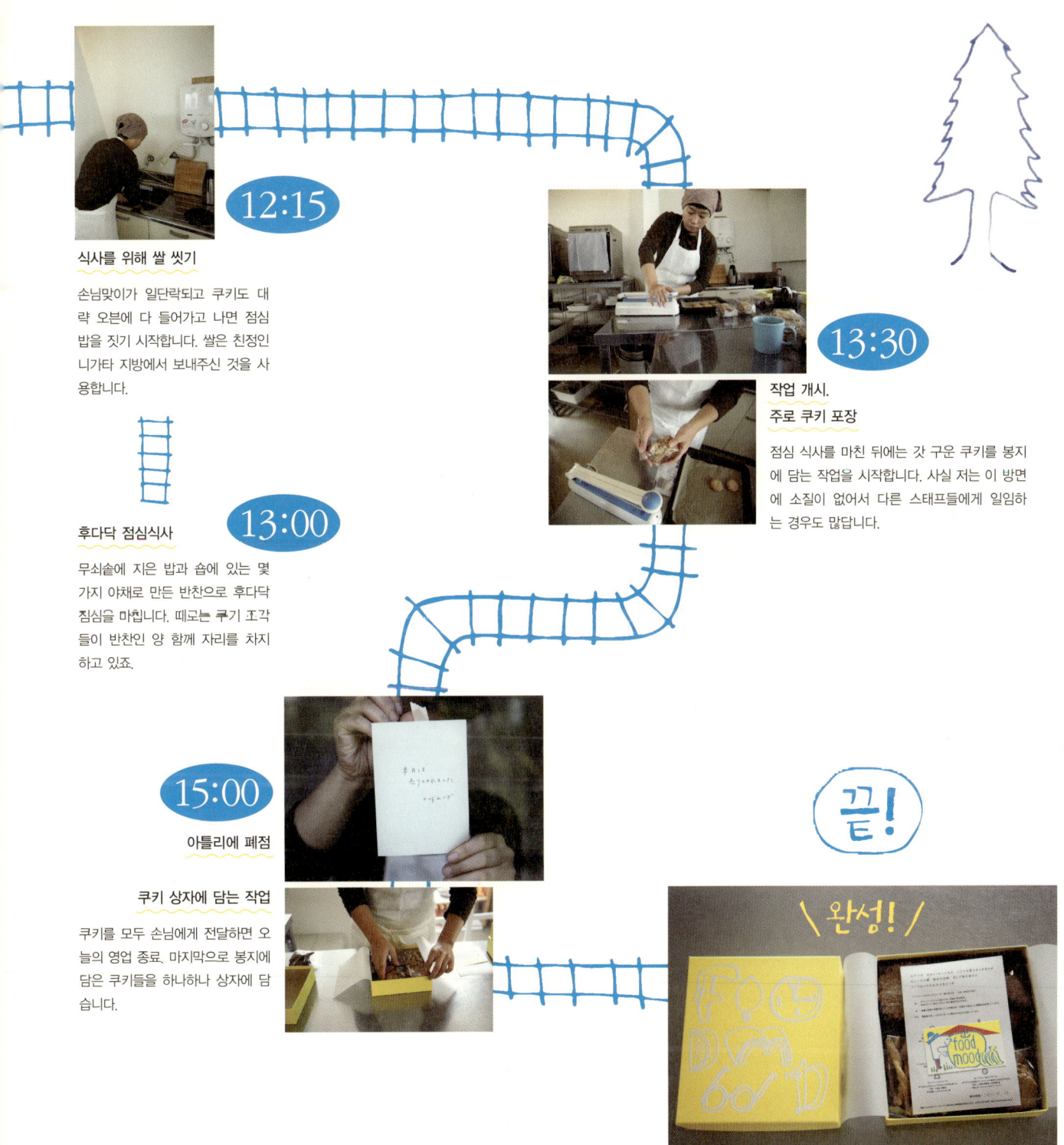

12:15

식사를 위해 쌀 씻기

손님맞이가 일단락되고 쿠키도 대략 오븐에 다 들어가고 나면 점심 밥을 짓기 시작합니다. 쌀은 친정인 니가타 지방에서 보내주신 것을 사용합니다.

13:30

작업 개시.

주로 쿠키 포장

점심 식사를 마친 뒤에는 갓 구운 쿠키를 봉지에 담는 작업을 시작합니다. 사실 저는 이 방면에 소질이 없어서 다른 스태프들에게 일임하는 경우도 많답니다.

13:00

후다닥 점심식사

무쇠솥에 지은 밥과 숍에 있는 몇 가지 야채로 만든 반찬으로 후다닥 점심을 마칩니다. 때로는 쿠키 조각들이 반찬인 양 함께 자리를 차지하고 있죠.

15:00

아틀리에 폐점

쿠키 상자에 담는 작업

쿠키를 모두 손님에게 전달하면 오늘의 영업 종료. 마지막으로 봉지에 담은 쿠키들을 하나하나 상자에 담습니다.

끝!

＼완성! ／

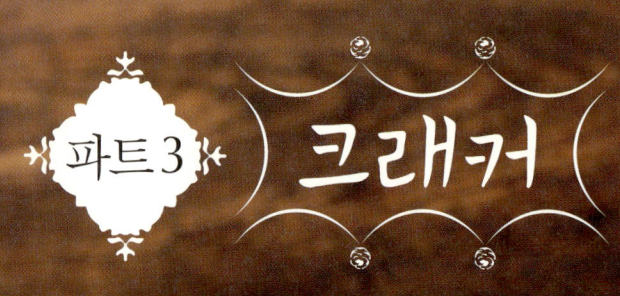

파트3 | 크래커

달달한 것을 무척이나 좋아해서 짭짤한 과자는 아예 돌아보지도 않았는데
언제부터인가 단것을 싫어하는 남성들을 위해, 그리고 술안주로 환영받는
크래커 레시피를 하나둘 만들게 되었다.
쿠키 만들기와 매우 비슷하므로 함께 기억해두자.

1 술지게미 크래커

굽는 동안 치즈 같은 향이
은은하게 퍼진다.
다른 것과 달리 특별히
따뜻할 때 먹어도 맛이 최고.
크래커는 단맛이 없으므로
바삭하게 구워내는데
이로 인해 자칫 입안에서
뻑뻑하게 느껴질 수 있다.
이를 해결하기 위해 물의 양을
살짝 더하여 생지를 부드럽게 만든다.
전체적으로 먹기 좋은
배합으로 완성하였다.

0 밑준비

- 오븐 팬에 오븐 시트를 깐다.
- 오븐은 160℃로 예열한다.

1 생지를 만든다

볼에 밀가루와 소금을 넣어 쌀을 씻는 느낌으로 손으로 휘휘 섞는다. 공기를 머금어 부드럽고 가벼운 느낌이 나면 OK.

술지게미, 카놀라유(스푼에 남아 있는 한 방울까지 모두 손으로 싹싹 긁어 넣는다)를 넣어 손가락으로 술지게미를

으깨면서 손으로 휘휘 섞는다.

재료(1.5×8cm 32개분)

박력분 ... 100g
소금 ... 1/4작은술
술지게미(부드러운 타입) ... 20g
카놀라유 ... 2큰술
물 ... 2와 1/2큰술

밀가루와 오일이 알갱이처럼 뭉쳐지면 양손으로 비벼서 풀어주듯 섞는다.

오일이 잘 배면 물을 전체적으로 넣어 손으로 휘휘 섞는다.
＊질척한 상태 그대로 OK.

스크래퍼로 작업대 위에 꺼내 반으로 자르고
＊생지 상태를 부드럽게 하기 위한 것.

위아래로 겹쳐서

손등으로 가볍게 눌러 하나로 만든다. 생지 방향을 90도씩 바꿔가면서 이것을 3~4회 반복하여 매끈하게 정리한다.

2 모양을 낸다

밀대로 2mm 두께(세로 20×가로 25cm 정도)로 밀어 자(혹은 스크래퍼)로 가로로 반을 자른 뒤 1.5cm 폭으로 자른다.

생지를 가볍게 한 번 비틀어 오븐 팬 위에 간격을 두어 올린다.

3 굽는다

160℃의 오븐에서 노릇노릇 맛있는 색이 날 때까지 약 22분간 굽는다. 꺼내서 오븐 팬 위에서 그대로 식힌다.

＊타기 쉬우므로 자주 상태를 봐가면서 할 것.

2 검은깨 프레즐

프레즐 = 가늘고 길고 와삭한 식감의 크래커 느낌이라고 할까?
보통의 크래커나 쿠키 레시피와도 차이가 있다.
생지를 비벼서 섞지 않고 반죽을 해도 무방하다.
가볍게 생지를 휴지시킨 뒤 둥근 막대 모양으로 비틀어 구우면
바삭바삭 고소한 프레즐이 완성.

❶ 밑준비

◆ 오븐 팬에 오븐 시트를 깐다.

❶ 생지를 만든다 ···········

볼에 밀가루, 검은깨, 베이킹파우더, 소금을 넣어 쌀을 씻는 느낌으로 전체적으로 크게 조물조물 섞는다.

카놀라유(스푼에 남아 있는 한 방울까지 모두 싹싹 긁어넣는다), 두유를 한 번에 넣어

재료(20cm 길이 25개분)

박력분 ... 100g
검은깨 ... 20g
베이킹파우더 ... 1/4작은술
소금 ... 1/4작은술
카놀라유 ... 1큰술
두유(성분 무조정 제품) ... 50㎖

쌀을 씻듯 손으로 휘휘 섞는다. 흰 밀가루가 보이지 않게 되면

생시를 누르는 느낌으로 가볍게 반죽한다.

볼 주위에 붙어 있는 생지를 스크래퍼로 긁어가면서 하나로 모은다.

❷ 휴지시킨다 ▶

랩으로 감싸 실온에서 30분 휴지시킨다(기온이 높은 계절에는 냉장실에서). 오븐을 170℃로 예열한다.

❸ 모양을 낸다 ▶

  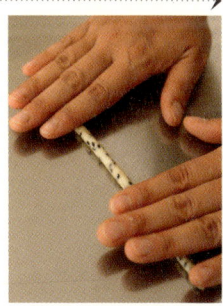

생지를 작업대 위에 올리고 밀대로 정중앙에서 바깥쪽, 다시 정중앙에서 안쪽으로 굴려가면서 4mm 두께(세로 15×가로 25cm 정도)로 편다.

자(또는 스크래퍼)로 1cm 폭으로 자르고

양손으로 굴려가며 20cm 길이로 늘인다.

❹ 굽는다 ▶

오븐 팬에 간격을 두어 올리고 170℃ 오븐에서 노릇하게 색이 날 때까지 25분간 굽는다. 꺼내서 오븐 팬 위에서 그대로 식힌다.

3 카레 크래커

밀가루에 카레가루를 섞고 수분으로는 양파 간 것을 사용한다.
굽는 동안 양파에서 촉촉하게 단맛이 나와
카레 맛을 한층 더 풍성하게 한다.
향신료 강황(turmeric)을 살짝 넣어주면
보기에도 먹음직스러운 카레 색으로 완성.
만드는 법 ···› p88

4 유즈코쇼 크래커

우리 집에는 여러 종류의
유즈코쇼가 있는데
소량밖에 사용하지 않아
좀처럼 양이 줄지 않는다.
고심 끝에 이를 이용한
크래커를 만들어보았더니
기대 이상으로 맛있어서
이후로 계속 만들어 먹고 있다.
만드는 법 ···→ p89

5 옥수수 크래커

옥수수가루를 이용한 크래커.
이 크래커만큼은 특별하게
설탕을 조금 넣어야
옥수수의 맛이 한층 더 살아난다.
살사소스와 함께 먹어도 맛있다.
만드는 법 ···→ p90

6 바질 크래커

집에서 만든 바질 페이스트를 듬뿍 넣은 크래커.
오븐에 들어갈 때부터 벌써 바질의 좋은 향이 진하게 퍼져 기다리는 내내 설레게 된다.
잣 대신 아몬드파우더를 넣어 감칠맛을 냈다.

만드는 법 ···p91

7 토마토와 올리브 프레즐

은은하게 퍼지는 토마토 맛과 알알이 배어 있는 올리브의
짠맛이 환상의 궁합.
어딘가 이탈리아 그리시니와 비슷한 식감으로,
간식은 물론 와인 등의 안주로도 그만이다.
만드는 법 ┈▸p92

3 카레 크래커

✻ ✻

재료(직경 5cm 원형 14개분)

박력분 ... 100g

카레가루 ... 1/2작은술

강황(있으면) ... 약간

소금 ... 적당량(엄지와 검지로
2번 집는 정도)

카놀라유 ... 2큰술

양파 ... 1/4개

밑준비

✻양파는 갈아 2와1/2큰술 분량을 준비한다.

✻오븐 팬에 오븐 시트를 간다.

✻오븐을 170℃로 예열한다.

만드는 법

❶ 볼에 밀가루, 카레, 강황, 소금을 넣고 손으로
둘둘 섞는다. 카놀라유를 넣어 저어주고→양손
으로 비벼가며 덩어리를 풀듯 섞어준 뒤→양파
간 것을 넣어 다시 휘휘 저어 섞는다.

❷ 생지를 작업대에 올려 스크래퍼로 반을 갈라
위아래로 겹쳐놓고 손등으로 가볍게 누른다. 생
지 방향을 90도씩 바꿔가면서 같은 동작을 3~4
회 반복하여 부드럽게 하나로 정리한다.

❸ 생지를 밀대로 2mm 두께로 펴고 쿠키 틀로
모양을 찍어내 포크로 공기 구멍을 낸다. 오븐 팬
에 간격을 두어 올린 뒤 170℃ 오븐에서 25분간
굽는다. 꺼내서 오븐 팬 위에서 식힌다.

point

양파를 갈 때는
심을 붙인 채로
하면 수월하다.

우리 집에서는 고체형 카
레 루(녹인 버터에 밀가
루를 섞는 것, 소스와 수
프를 되직하게 한다_옮
긴이)가 아니라 가루를
사용하는 경우가 많아
맛있어 보이는 메이커의
제품을 발견하면 저절로
손이 간다. 이것은 인디
안 식품의 제품.

강황은 다른 말로 울금
이라고도 한다. 선명한 황
색을 띠어 주로 카레의
색을 내는 데 사용된다.
카레가루에도 들어 있지
만 색을 조금 더 진하게
내고 싶을 때 추가로 사
용한다.

4 유즈코쇼 크래커

❋ ❋

재료(5cm 길이의 삼각형 40개분)

박력분 ... 100g
카놀라유 ... 2큰술
유즈코쇼* ... 1/2~2/3작은술
물 ... 2와 1/2큰술

❋ 유즈코쇼(柚古椒) : 고추와 유자껍질을 갈아 진득한 페이스트 형태로 만든 규슈 지방의 특산 조미료.

밑준비

*오븐 팬에 맞춰 오븐 시트를 자른다.
*오븐을 170℃로 예열한다.

만드는 법

❶ 볼에 밀가루를 넣어 손으로 휘휘 섞는다 카놀라유, 유즈코쇼를 넣어 역시 손으로 젓고→양손으로 비벼가며 덩어리를 풀듯 섞어준 뒤→물을 넣어 역시 휘휘 섞는다.

❷ 생지를 작업대에 올려 스크래퍼로 반을 갈라 위아래로 겹쳐놓고 손등으로 가볍게 누른다. 생지 방향을 90도씩 바꿔가면서 같은 동작을 3~4회 반복하여 부드럽게 하나로 정리한다.

❸ 생지를 오븐 시트 위에 올리고 밀대로 2mm 두께(세로 20×가로 25cm)로 편 다음 스크래퍼로 가로, 세로 5cm마다 칼집을 넣는다. 여기에 다시 사선으로 반을 나눠 칼집을 넣어 삼각형 모양으로 만든다.

❹ 시트째 오븐 팬에 얹어 170℃ 오븐에서 25분간 굽는다. 꺼내서 오븐 팬 위에서 식히고 뜨거운 열이 나가면 칼집에 따라 자른다.

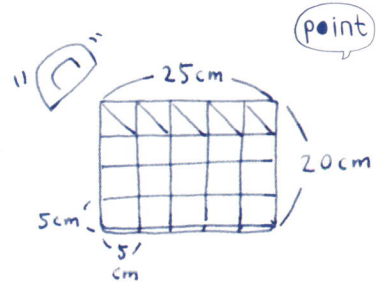

스크래퍼로 5×5cm로
↓
다시 사선으로 반을 갈라 칼집을 넣는다.

유즈코쇼는 청유자껍질, 소금, 청고추를 갈아 섞은 것. 매운맛과 유자의 상쾌한 향이 함께 어우러진다. 제조사에 따라 염분의 차이가 있으므로 상태를 봐가면서 넣는다.

5 옥수수 크래커

❈ ❈

재료(5×7cm 15개분)

옥수수가루 ... 70g
박력분 ... 30g
유기농설탕 ... 1/2큰술
소금 ... 1/4작은술
카놀라유 ... 2큰술
물 ... 2와 1/2큰술

밑준비

*오븐 팬에 맞춰 오븐 시트를 자른다.
*오븐을 170℃로 예열한다.

만드는 법

❶ 볼에 밀가루, 옥수수가루, 설탕, 소금을 넣어 손으로 휘휘 섞는다. 카놀라유를 넣어 역시 둥글 둥글 젓고→양손으로 비벼가며 덩어리를 풀듯 섞어준 뒤→물을 넣어 역시 손으로 섞는다.

❷ 생지를 작업대에 올려 스크래퍼로 반을 갈라 위아래로 겹쳐놓고 손등으로 가볍게 누른다. 생지 방향을 90도씩 바꿔가면서 같은 동작을 3~4회 반복하여 부드럽게 하나로 정리한다.

❸ 생지를 오븐 시트 위에 올리고 밀대로 2mm 두께(세로 20×가로 25cm 정도)로 편 다음 자나 스크래퍼로 세로 5등분, 가로 3등분하여 칼집을 넣는다. 포크로 공기 구멍을 낸다.

❹ 시트째 오븐 팬에 얹어 170℃ 오븐에서 25분간 굽는다. 꺼내서 오븐 팬 위에서 식히고 뜨거운 열이 가시면 칼집을 따라 자른다.

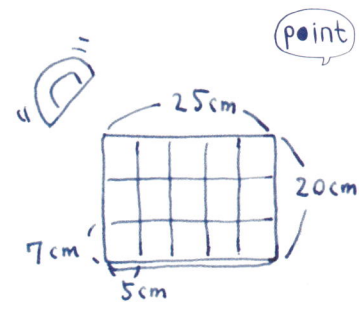

스크래퍼로 세로 5등분×가로 3등분하여 칼집을 넣는다.

옥수수를 건조시켜 간 것이 옥수수가루다. 가는 방식에 따라 콘밀, 콘그리츠 등이 있는데, 쿠키에는 입자가 가장 고운 가루 타입을 사용한다.

6 바질 크래커

재료(2.5cm 사각 모양 80개분)

박력분 ... 100g
소금 ... 1/4작은술
바질 페이스트 ... 3큰술
물 ... 2와 1/2큰술

밑준비

*오븐 팬에 맞춰 오븐 시트를 자른다.
*오븐을 170℃로 예열한다.

【바질 페이스트 만드는 법】(만들기 쉬운 분량)
바질 잎 30g, 아몬드파우더 20g , 카놀라유 90㎖를 믹서 등에 넣고 갈아 페이스트 상태로 만든다(또는 절구에 찧는다). 이것으로 약 9큰술이 만들어진다.

만드는 법

❶ 볼에 밀가루와 소금을 넣어 손으로 휘휘 섞는다. 바질 페이스트도 넣어 둘둘 젓고 →양손으로 비벼가며 덩어리를 풀듯 섞어준 뒤→물을 넣어 역시 섞는다.

❷ 생지를 작업대에 올려 스크래퍼로 반으로 자른 다음 위아래로 겹쳐놓고 손등으로 가볍게 누른다. 생지 방향을 90도씩 바꿔가면서 같은 동작을 3~4회 반복하여 부드럽게 하나로 정리한다.

❸ 생지를 오븐 시트 위에 올리고 밀대로 2mm 두께(세로 20×가로 25cm 정도)로 펴고 자(또는 스크래퍼)로 가로 세로 2.5cm 간격으로 칼집을 넣어 포크로 공기 구멍을 낸다.

❹ 시트째 오븐 팬에 얹어 170℃ 오븐에서 25분간 굽는다. 꺼내서 오븐 팬 위에서 식히고 뜨거운 열이 가시면 칼집을 따라 자른다.

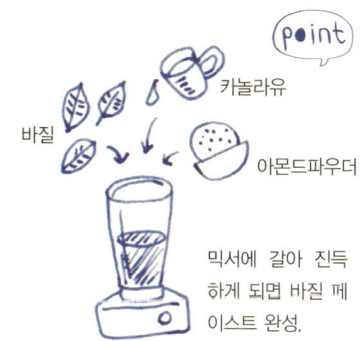

바질

카놀라유

아몬드파우더

믹서에 갈아 진득하게 되면 바질 페이스트 완성.

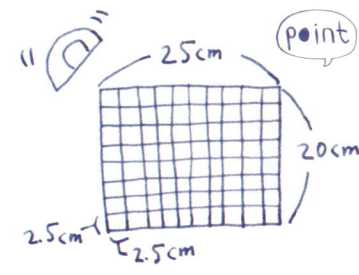

25cm

20cm

2.5cm

2.5cm

스크래퍼로 2.5×2.5cm로 칼집을 넣는다.

바질 페이스트는 바질, 잣, 마늘, 치즈, 오일로 만들지만 여기서는 심플하게 바질과 오일, 그리고 특별히 쿠키를 만드는 것이므로 아몬드파우더를 첨가. 역시 고소한 감칠맛에는 변함이 없다.

7 토마토와 올리브 프레즐

재료(20cm 길이 막대 25개분)

박력분 ... 100g

베이킹파우더 ... 1/3작은술

소금 ... 적당량

카놀라유 ... 1큰술

홀토마토 캔 ... 60g

블랙올리브 ... 4알

밑준비

*홀토마토는 푸드 프로세서에 갈거나 체에 걸러 퓌레 상태로 만든다.

*블랙올리브는 잘게 다진다.

*오븐 팬에 오븐 시트를 깐다.

만드는 법

❶ 볼에 밀가루, 베이킹파우더, 소금을 넣어 손으로 휘휘 섞는다. 카놀라유, 토마토, 올리브를 모두 함께 넣어 역시 손으로 젓고→흰 밀가루가 보이지 않게 되면 손으로 가볍게 반죽하여 하나로 모은 뒤 랩으로 감싸 실온에서 30분 휴지시킨다. 오븐을 170℃로 예열한다.

❷ 생지를 밀대로 4mm 두께(세로 15×가로 25cm 정도)로 펴고 자(또는 스크래퍼)로 1cm 폭으로 잘라 양손으로 둥글려 20cm 길이로 늘인다.

❸ 오븐 팬에 간격을 두어 올린다. 170℃ 오븐에서 25분간 굽는다. 꺼내서 오븐 팬 위에서 그대로 식힌다.

블랙올리브는 물에 담겨 있는 시판 제품을 사용한다. 씨를 빼고 올리브만 있는 타입이 사용하기 편하다.